Olatunde Salami

Estudo paleoenviromental do siltito exposto, Formação Enagi, Bida

Olatunde Salami

Estudo paleoenviromental do siltito exposto, Formação Enagi, Bida

ScienciaScripts

Imprint

Any brand names and product names mentioned in this book are subject to trademark, brand or patent protection and are trademarks or registered trademarks of their respective holders. The use of brand names, product names, common names, trade names, product descriptions etc. even without a particular marking in this work is in no way to be construed to mean that such names may be regarded as unrestricted in respect of trademark and brand protection legislation and could thus be used by anyone.

Cover image: www.ingimage.com

This book is a translation from the original published under ISBN 978-620-7-46567-5.

Publisher:
Sciencia Scripts
is a trademark of
Dodo Books Indian Ocean Ltd. and OmniScriptum S.R.L publishing group

120 High Road, East Finchley, London, N2 9ED, United Kingdom
Str. Armeneasca 28/1, office 1, Chisinau MD-2012, Republic of Moldova, Europe
Printed at: see last page
ISBN: 978-620-8-07773-0

Conteúdo

Resumo

Este estudo centra-se na bacia de Bida, situada na parte central da Nigéria, fazendo fronteira com Anambra a sudeste e Sokoto a noroeste. As áreas de estudo específicas, Kudu e Kutigi, estão localizadas na parte norte da bacia de Bida. As coordenadas de latitude e longitude para Kudu vão de 9°11' 12,8" a 9°15' 58,6 "N e 005°21' 16,2" a 005°36' 04,6 "E, respetivamente. Kutigi compreende duas secções, Kutigi 1 e Kutigi 2, com as seguintes coordenadas Kutigi 1 - 005°35' 25.7 "E e 09°12' 00.7 "N, e Kutigi 2 - 005°36' 04.6 "E e 09°11' 58.6 "N.

As secções expostas em Kudu e Kutigi revelam amostras de arenito localizadas principalmente na base da Formação Enagi, indicativas de um ambiente de deposição fluvial. Texturalmente imaturos, mas composicionalmente maduros, estes arenitos exibem uma má seleção, arredondamento de minerais e uma abundância de minerais de quartzo. A análise petrográfica suporta a maturidade composicional, enfatizando o alto teor de SiO_2 e as baixas ocorrências de K_2O e Na_2O. Os cristais de quartzo com inclusões minerais sugerem uma origem mista de fontes ígneas e metamórficas, corroborada pela presença de zircão, turmalina, rutilo e estaurolite.

Nomeadamente, os arenitos da Formação Enagi apresentam consistentemente valores mais elevados de SiO_2 e mais baixos de Al_2O_3, sugerindo um potencial de reservatório para aqueles com elevado teor de quartzo. Este estudo contribui com informações valiosas sobre as caraterísticas geológicas da Formação Enagi da bacia de Bida, oferecendo informações essenciais para uma maior exploração e avaliação de recursos na região.

CAPÍTULO 1

INTRODUÇÃO

1.1 Localização da área de estudo

A área de estudo situa-se na bacia de Bida, que é uma estrutura de tendência noroeste com enchimento siliclástico de cerca de 2.500 (Udenwa e Osazuwa, 2004). A bacia de Bida está localizada na parte central da Nigéria e é contígua a Anambra a sudeste e a Sokoto a noroeste. Os afloramentos estudados situam-se em Kudu e Kutigi, nas latitudes 9°11' 12,8" a 9°15' 58,6 "N e na longitude 005°21' 16,2" a 005°36' 04,6 "E, na parte norte da bacia de Bida. A área estudada insere-se na folha do mapa de Gboko da carta geográfica de Bida, de acordo com o levantamento geológico da Nigéria. A secção exposta em Kudu é uma exposição na berma da estrada, situada ao longo da estrada Mokwa - Bida, localizada a 005° 21₀ 16.2 "E de longitude e 09°15₀ 12.8 "N. Também foram estudadas duas secções expostas em Kutigi, denominadas Kutigi 1 e Kutigi 2, respetivamente. Ambas as secções são exposições ao longo da estrada, sendo uma delas denominada Kutigi 1, situada no cruzamento de Kutigi, ao longo da via rápida Bida - Mokwa, na longitude 005°35' 25,7 "E e na latitude 09°12' 00,7 "N. Kutigi 2 é o nome atribuído à outra secção estudada e situa-se ao longo da estrada de Kuga, a cerca de 2 km do cruzamento de Kutigi, na longitude 005°36' 04,6 "E e na latitude 09°11' 58,6 "N.

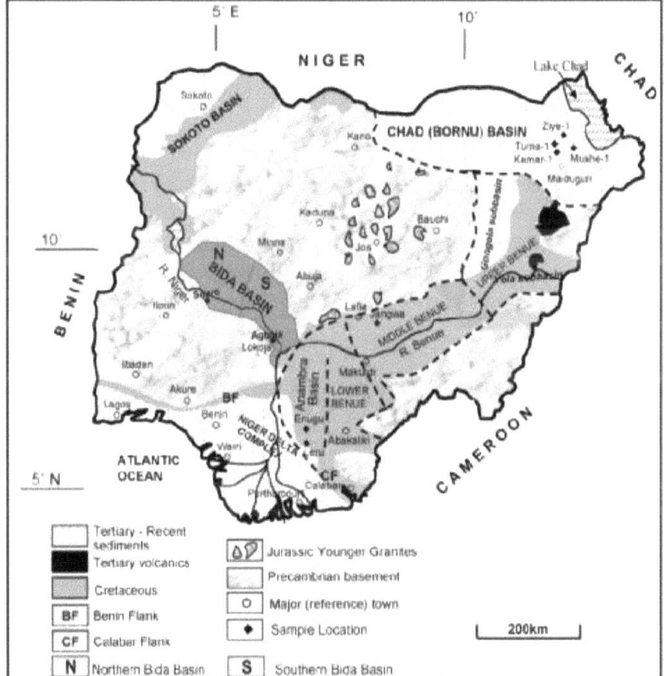

Fig. 1.1: Mapa geológico da Nigéria mostrando a posição da Bacia de Bida (Após Obaje *et al.*, 2004)

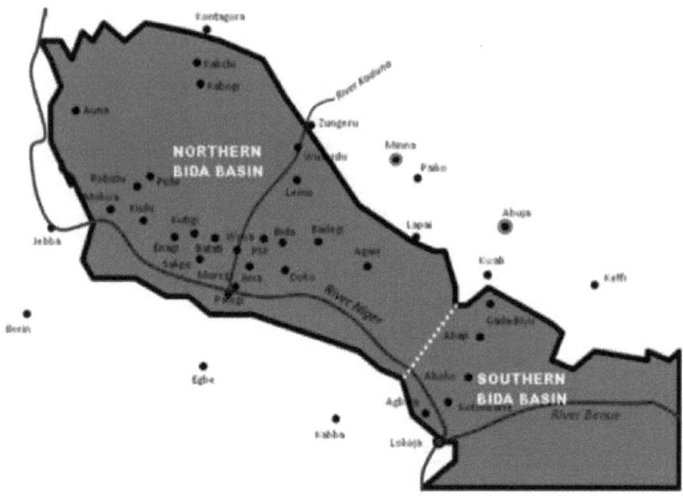

Fig 1.2: Mapa geográfico da bacia de Bida (segundo Obaje, 2012).

1.2 Geomorfologia e clima

O clima de uma área indica o padrão regular das condições meteorológicas dessa área e divide-se em duas estações: a estação das chuvas e a estação seca. A estação das chuvas abrange os meses de abril a outubro, enquanto a estação seca abrange os meses de novembro a março (relatório climático do Estado do Níger, 2013). A temperatura máxima é normalmente registada entre março e junho, enquanto a temperatura mínima é normalmente registada entre dezembro e janeiro, quando a maior parte do Estado fica sob a influência da massa de ar tropical continental que sopra do norte. A precipitação média anual varia de cerca de 1.100 mm na parte norte do estado a cerca de 1.600 mm na parte sul do estado e a duração da estação das chuvas é de aproximadamente 180 dias. A temperatura média ronda os 32°F, particularmente em março e junho (relatório climático do Estado do Níger, 2013).

A topografia da área estudada é caracterizada por colinas e vales ondulados. Estas colinas têm vários metros de altura em alguns locais. Uma das colinas famosas da zona é a colina de Sakpe, que se situa na aldeia de Sakpe e se encontra a cerca de 250 metros acima do nível do mar, com várias cristas, entre outras (Niger state history 2013). De acordo com Adeleye (1971), são reconhecíveis três unidades fisiográficas regionais na Bacia de Bida, que incluem;

- As planícies aluviais e os distribuidores do Níger,
- O cinturão de mesas
- As planícies.

O Níger (rio) corre E-S-E na zona da margem sul da bacia. A planície de inundação é ampla e, localmente, chega a ter 20 km de largura. A planície de inundação é marcada na maioria das áreas por uma série de lagoas alongadas que correm paralelamente ao canal do rio. Os distribuidores, incluindo os mais pequenos, são também marcados por planícies de inundação bastante amplas.

A faixa de mesas é descontínua e estende-se desde uma área de cerca de 16 km a leste de Mokwa, através de uma área a sul de Bida até Baro, Lokoja e sudoeste de Dekina. No entanto,

4

cerca de 10% da bacia é coberta por mesas. O topo dessas mesas mergulha para norte e situa-se entre 290-150m e 260-500m acima do nível do mar em Mokwa/Bida e em torno da confluência Níger/Benue, respetivamente. As paredes dos planaltos são muitas vezes precipitadas, especialmente ao longo das escarpas viradas para o rio Níger. Também pode haver quebras intermitentes de declive, por vezes ao longo da parede das mesas, o que indica a ocorrência de leitos relativamente resistentes.

Cerca de 70% da bacia é coberta por planícies planas a suavemente onduladas (Adeleye, 1971). A monotonia da paisagem é por vezes quebrada por colinas residuais que são cónicas ou de topo plano, muitas das quais são comuns ao longo da estrada Mokwa-Zungeru. As planícies situam-se entre 120-360 metros acima do nível do mar em redor de Kontagora, a norte, 120-240 metros em redor de Mokwa, 135-150 metros em redor de Bida, cerca de 60-180 metros na zona de Lokoja, a sul.

A vegetação do Estado inclui: solo tropical ferruginoso, solo hidromórfico e os ferossolos. Os solos tropicais ferruginosos são ideais para o cultivo de milho-da-índia, milho, painço e amendoim, os solos hidromórficos encontram-se em grande parte na extensa planície de inundação do rio Níger, enquanto os ferossolos que se desenvolvem nas formações de arenito podem ser encontrados na calha do Níger (Niger state history 2013).

1.3 Revisão de estudos anteriores na área

Foram efectuados vários estudos na Bacia de Bida, mas os estudos geológicos preliminares da Bacia de Bida foram realizados por Falconer, (1911) e Jones, (1955, 1958). Outros incluem Adeleye e Dessauvage, (1972) que se debruçaram sobre a estratigrafia e sedimentologia da Bacia de Bida. Jan du Chene *et al.,* (1979) efectuou estudos micropaleontológicos que documentaram as associações palinomorfo-foraminífero que utilizou para interpretar o paleoambiente das formações de Lokoja e Patti como um ambiente marinho marginal pouco profundo em condições de água salobra.

Na Bacia do Norte de Bida, Adeleye (1974), Braide (1992b), Olaniyan & Olabaniyi (1996), Olugbemiro & Nwajide (1997) examinaram a morfologia dos seixos, a distribuição granulométrica, a distribuição das fácies e sugeriram ambientes fluviais para os arenitos e os conglomerados.

Na Bacia do Sul de Bida, Ojo, (2009) utiliza a ocorrência de alguns cistos de dinoflagelados no xisto facie para a determinação da idade da Formação Patti e concluiu que os conjuntos de palinomorfos das secções estudadas indicavam a predominância de pólen e esporos derivados de terra sobre uma diversidade de dinoflagelados marinhos da parte inferior da secção e a idade maastrichtiana foi atribuída à secção.

Obaje *et al., (2011)* estudaram a sedimentologia e a geologia petrolífera da Bacia de Bida no centro-norte da Nigéria e afirmaram que as potenciais rochas geradoras na Bacia de Bida são propensas a gás. Afirmou também que as potenciais unidades de reservatório ocorrem no arenito fluvial da Formação Lokoja e nas unidades de arenito da plataforma e da planície de inundação da Formação Patti.

Ojo, (2011) usa as caraterísticas petrográficas da Formação Bida em torno de Share-Pategi e concluiu que os Conglomerados são mineralogicamente imaturos e classificados como subarkose, fácies de arenito que foram assumidos como sendo depositados no ambiente aluvial proximal e rio trançado, respetivamente, enquanto os argilitos são interpretados como depósitos de planície de inundação não marinhos.

Obaje *et al.,* (2011) trabalharam na sedimentologia e na geologia do petróleo da Bacia de Bida do Sul e reconstruíram a história de deposição das formações de Lokoja, Patti e Agbaja; as investigações geoquímicas também revelaram que as rochas-fonte potenciais na bacia são propensas a gás.

Ojo e Akande (2012), no seu trabalho intitulado "Studied the Sedimentary Facies Relationships and Depositional Environments of the Maastrichtian Enagi Formation, Northern Bida Basin, Nigeria", explicaram que o padrão e as caraterísticas da sedimentação grosseira sugerem uma predominância de processos marinhos transgressivos a pouco profundos, que são ocasionalmente incisos por canais fluviais.

Obaje *et al.,* (2013) no seu estudo sobre a avaliação da prospectividade de hidrocarbonetos da Bacia de Bida no Centro-Norte da Nigéria e concluiu que os dados geoquímicos do xisto Kudu no Centro-Norte da Nigéria mostram que principalmente gás e algum petróleo teriam sido gerados em secções prospectivas e mais prospectivas na bacia. Os dados mostram também que o Membro de Xisto Kudu da Formação Enagi e o Membro de Xisto Ahoko da Formação Patti constituem as rochas geradoras de hidrocarbonetos no Norte e no Sul da Bacia de Bida, respetivamente.

1.4 . Metas e objectivos

Os objectivos do presente estudo são os seguintes

I.   Avaliar o ambiente deposicional das fácies sedimentares na área de estudo.

II.   Avaliar as litofácies na área de estudo, de modo a determinar a textura e o & maturidade mineralógica e proveniência

III. Avaliar as caraterísticas geoquímicas dos arenitos na área de estudo.

1.5 Metodologia

A metodologia aplicada nesta investigação baseia-se essencialmente nos objectivos e finalidades deste trabalho. Os métodos empregues são em duas fases, nomeadamente: Trabalho de campo e Análise laboratorial.

1.5.1 Trabalho de campo

O trabalho de campo foi efectuado entre 15 e 21 de" janeiro de 2014. As amostras utilizadas no estudo foram obtidas nos afloramentos à beira da estrada em Kudu e Kutigi. O mapeamento da área foi efectuado utilizando uma abordagem sedimentológica; cada afloramento foi cuidadosamente estudado, anotando a espessura de cada leito, o tamanho dos clastos, a cor, as estruturas e a distribuição dos sedimentos na área de estudo.

Os afloramentos estudados foram registados desde a base até ao topo e as secções registadas de cada afloramento foram representadas em diagrama. Foram recolhidas amostras representativas para análise laboratorial. Foram também tiradas fotografias de cada afloramento e das estruturas interessantes para efeitos de referência. Durante o registo estratigráfico das fácies litológicas, foram documentadas as alterações das caraterísticas litológicas, tais como a textura, a cor e as estruturas físicas e biológicas. Foram tomadas medidas dos leitos e recolhidas amostras frescas dos diferentes leitos, que foram armazenadas num saco de amostras etiquetado. No final do trabalho de campo, foi preparada uma secção litológica composta para mostrar as litofácies presentes.

O material utilizado durante o exercício de trabalho de campo inclui o seguinte;

1.   Mapa topográfico da zona - Este mapa revela as caraterísticas da zona e fornece informações sobre a mesma.

2.   GPS (Global Positioning System) - utilizado para efetuar as leituras da longitude, latitude e elevação em cada local cartografado durante o exercício.

3. Martelo e cinzel - utilizados para recolher amostras de rocha para análise.

4. Saco de amostras - utilizado para transportar amostras de rocha.

5. Fita métrica - utilizada para medir a espessura das camas.

6. Máquina fotográfica digital - utilizada para tirar fotografias dos elementos observados no terreno.

7. Fita de papel - utilizada para etiquetar amostras para identificação.

8. Marcador e lápis de cor - O marcador foi utilizado para etiquetar as amostras.

9. Lente de mão - utilizada para observar as composições minerais em amostras de rocha.

10. Nota de campo - Foi utilizada para registar as informações observadas no terreno.

Após o exercício de trabalho de campo, foram selecionadas onze amostras de arenito para vários testes laboratoriais. Cinco amostras (KUT2A, KUT2D, KUT2G, KUT2K, e KUD1B) foram selecionadas para análise da composição elementar a granel; Cinco outras amostras (KUT2A, KUT2C, KUT2D, KUT2E, KUT2J) foram selecionadas para separação de minerais pesados. Sete amostras (KUT2A, KUT2B, KUT2C, KUT2E, KUT2H, KUT2J, KUT2K) foram selecionadas para análise granulométrica, enquanto oito amostras (KUT2A, KUT2C, KUT2D, KUT2G, KUT2J, KUT2K, KUD1B, KUT1C) foram selecionadas para análise de secção fina.

1.5.2 Estudos laboratoriais

1.5.2.1 Análise granulométrica

Sete amostras de arenito foram analisadas quanto ao tamanho do grão no laboratório de sedimentologia da Universidade de Ilorin (KUT2A, KUT2B, KUT2C, KUT2E, KUT2H, KUT2J, KUT2K). Isto é necessário para compreender a distribuição granulométrica dos sedimentos, o seu grau de uniformidade, bem como o seu historial de transporte.

Aparelhos

§ Peneira de diferentes tamanhos (mm)

§ Balança de pesagem

§ Agitador automático

Procedimento

As análises granulométricas foram efectuadas em sete (7) amostras, todas elas de arenitos. Estas amostras foram submetidas a uma peneiração mecânica. Foram pesados 100g de cada amostra. Foram utilizados tamanhos de peneira (mm) de 0,251, 0,354, 0,422, 0,500, 0,599, 0,710, 0,853, 1,00, 1,400, 1,680, 2,000, 2,38 e 2,81. Estes diferentes tamanhos de peneira foram dispostos em ordem decrescente em um agitador automático com tamanho de peneira de 2,81 no topo e 0,251 na peneira de base.

Foi estabelecido um tempo de peneiração de cerca de 10 minutos no agitador e utilizado para todas as amostras. Após cada peneiração, a fração retida em cada um dos tamanhos de peneira é pesada e registada antes de ser guardada num saco de amostras rotulado. As peneiras foram limpas com uma escova após cada peneiração. Os histogramas e as curvas de frequência cumulativa foram traçados para todas as amostras. Os parâmetros estatísticos, como a média gráfica, o desvio-padrão gráfico inclusivo, a assimetria gráfica inclusiva e a curtose gráfica, foram determinados a partir da curva de frequência cumulativa, enquanto a moda foi obtida a partir dos histogramas. Alguns destes parâmetros estatísticos foram utilizados para os gráficos bivariados empregues na discriminação paleoambiental (Friedman 1961, 1967, 1979).

Os resultados da análise granulométrica dos arenitos foram utilizados para calcular os parâmetros texturais, tais como a média, o desvio padrão (ordenação), a assimetria e a curtose.

Média gráfica:
A média gráfica é uma estimativa da granulometria global de um depósito. Implica a medição do tamanho médio global do sedimento e este rácio é obtido através da fórmula:

$$M = \frac{\Phi 16 + \Phi 50 + \Phi 84}{3}$$

Gráfico inclusivo Desvio-padrão:
Esta é a medida da seleção ou variação de tamanhos. Dá uma indicação da energia de transporte e da maturidade textural dos sedimentos. A classificação foi obtida pelo formulário abaixo:

$$S_o = \frac{\Phi 84 - \Phi 16}{4} + \frac{\Phi 95 - \Phi 5}{6.6}$$

Os valores do desvio padrão gráfico para as amostras analisadas são descritos de acordo com a escala de classificação derivada de Folk e Ward (1957).

Inclinação do gráfico inclusivo:
A assimetria é uma medida da simetria ou assimetria da curva de distribuição granulométrica. Pode ainda ser descrita como uma medida da ordenação numa cauda da população granulométrica. As caudas de uma curva são exatamente onde se encontram as diferenças mais críticas entre as amostras. A assimetria gráfica inclusiva, que é geometricamente independente da seleção, é a melhor medida de assimetria, uma vez que determina a assimetria das caudas da curva. Indica a presença de partículas finas ou grossas em excesso num depósito.
A escala de assimetria dada por Folk e Ward (1975) é utilizada para interpretar o valor obtido a partir desta fórmula.

$$SkI = \frac{\Phi 85 + \Phi 16 - 2(\Phi 50)}{2(\Phi 84 - \Phi 16)} + \frac{\Phi 95 + \Phi 5 - 2(\Phi 50)}{2(\Phi 95 - \Phi 5)}$$

Curtose gráfica:
A curtose mede o pico de uma curva em relação à normalidade (Tucker, 1982). A análise estatística dos valores da curtose gráfica foi baseada em Fork e Ward (1957). A Tabela 1a e 1b apresenta os valores de curtose gráfica obtidos através da fórmula:

$$K = \frac{\Phi 95 - \Phi 5}{2.44\,(\Phi 75 - \Phi 25)}$$

Modo:
A moda é definida como o tamanho de partícula que ocorre mais frequentemente numa distribuição granulométrica. A moda dá uma indicação da origem do sedimento e é obtida a partir do histograma (fig. 1-14).

Tabela 1.1: Interpretação dos parâmetros de tamanho de grão
(a) Média e mediana (Wentworth 1902)

Φ Gama	Termo descritivo
- & - (- 1.00)	Cascalho
- 1.00 - 0.00	Areia muito grossa

0.00 - 1.00	Areia grossa
1.00 - 2.00	Areia média
2.00 - 3.00	Areia fina
3.00 - 4.00	Areia muito fina
4.00 - 8.00	Silte
8.00 - &	Argila

(b)   Ordenação (desvio-padrão) após (Folk e Ward, 1956)

Intervalo de ordenação	Termo descritivo
0.00 - 0.35	Muito bem selecionado
0.35 - 0.50	Muito bem
0.50 - 0.71	Moderadamente bem selecionado
0.71 - 1.00	Moderadamente selecionado
1.00 - 2.00	Mal selecionado
2.00 - 4.00	Muito mal selecionado
4.00 - &	Extremamente mal selecionado

(c) Skewness Termo descritivo após (FOLK & WARD 1956)

Assimetria (SK)	Termo matemático	Termo gráfico
1.00 - 3.00	Fortemente fina enviesada	Valor Phi muito negativo
0.30 - 0.10	Bem inclinado	Valor Phi negativo
0.10 - (- 0.10)	Perto de Symmentrical	Simétrico
(-0.10) - (- 0.30)	Enviesado grosseiro	Valor Phi positivo
(-0.30) - (-1.00)	Fortemente enviesado grosseiro	Valor Phi muito positivo

(d) Curtose após (Mitchell, 1976 e Skempton, 1953)

Gama	Termo descritivo
0.41 - 0.67	Muito platicúrtica
0.67 - 0.90	Platykurtic
0.90 - 1.11	Mesocúrtica
1.11 - 1.50	Leptocúrtico
1.50 - 3.00	Muito leptocúrtico
3.00	Extremamente leptocúrtica

1.5.2.2 Separação de minerais pesados

Cinco amostras de arenitos foram testadas para separação de minerais pesados (KUT2A, KUT2C, KUT2D, KUT2E, KUT2J) no laboratório de Geologia da Universidade Estatal de Kwara (KWASU), Malete, estado de Kwara. Isto é necessário para compreender a proveniência dos sedimentos, de modo a compreender melhor a história de deposição.

Procedimento:

Os minerais pesados são separados utilizando o método proposto por Morton (1985). Para reduzir eventuais efeitos de triagem hidráulica, separa-se de cada amostra, por peneiração húmida, uma fração padrão de areia muito fina a fina (63-125 mm). Os revestimentos de argila em torno dos grãos minerais são removidos utilizando uma sonda ultra-sónica na amostra embebida em água. A amostra limpa é então seca ao ar a 100° C e os seus minerais pesados são separados por gravidade, passando a fração de areia por bromofórmio (tribromoetano), um líquido pesado. Os minerais pesados recolhidos foram depois montados em bálsamo do Canadá e os minerais identificados com um microscópio binocular polarizado normal.

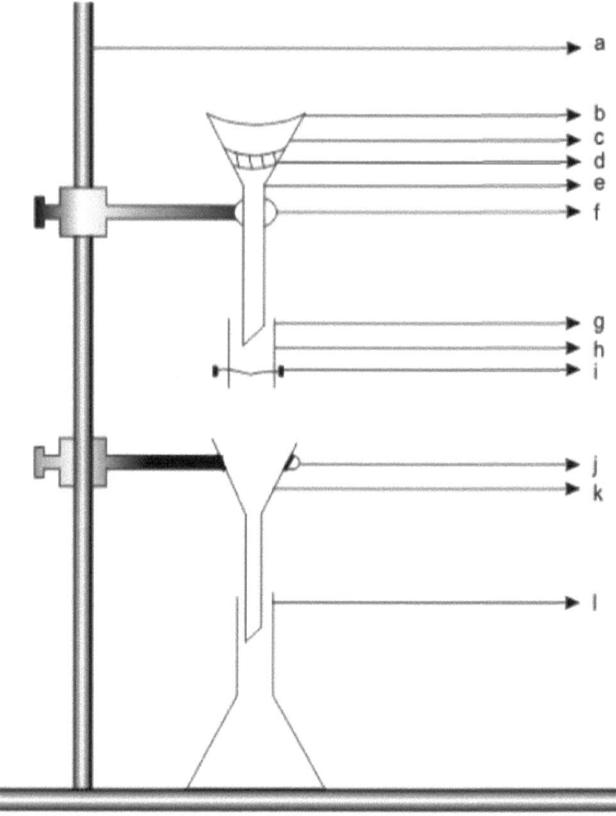

a.	Suporte de retorta	g.	Tubo de borracha
b.	Vidro de relógio	h.	Posicionar resíduos pesados
c.	Funil de separação	i.	Pinça de fixação
d.	Posição da fração leve e. Líquido pesado	j.	Suporte do funil de filtragem
f.	Apoio ao funil	k.	Funil de filtragem
		l.	Frasco de recolha

Fig 1.3 Aparelhos utilizados na separação de minerais pesados

1.5.2.3 Análise da secção fina

Oito amostras de arenito foram analisadas para a análise de secção fina (KUT2A, KUT2C, KUT2D, KUT2G, KUT2J, KUT2K, KUT1B, KUT1C) no laboratório de Geologia da Universidade de Ibadan, Ibadan, Estado de Oyo.

Isto é necessário para o exame microscópico da composição e estrutura dos sedimentos e para a compreensão adequada das origens dos sedimentos, da sua história de transporte, dos processos de deposição e deformação que podem ser úteis para fornecer informações pormenorizadas para ajudar na interpretação dos sedimentos.

10

Procedimento:-

As amostras não consolidadas foram impregnadas em epóxi antes de serem cortadas e montadas em lâminas de vidro por meio de bálsamo do Canadá. A preparação das lâminas foi efectuada em três fases de trituração, tendo sido tomadas precauções extremas para examinar as lâminas entre cada fase de trituração, a fim de verificar a redução uniforme das cores de interferência. As lâminas preparadas foram então etiquetadas e examinadas com a ajuda de luz transmitida sob a platina do microscópio petrográfico. Foram tiradas fotomicrografias e as caraterísticas dos grãos minerais foram observadas com base nas propriedades ópticas dos minerais.

1.5.2.4 Análise geoquímica

Cinco amostras de arenito (KUT 2A, KUT 2D, KUT 2G, KUT 2K, KUD 1B) foram selecionadas para análise geoquímica nos Acme Analytical Laboratories (Acme Labs), no Canadá, para determinação da sua composição mineralógica. A análise incidiu sobre elementos principais (óxidos), elementos vestigiais (TE) e elementos de terras raras (RRE) através de dois métodos: fluorescência de raios X (XRF) e espetroscopia de massa de plasma indutivamente acoplado (ICP-MS) de ultratraços de água régia. A seguinte descrição dos procedimentos analíticos foi fornecida pela Acme.

Procedimento:-

As amostras foram classificadas e inspeccionadas quanto à qualidade de utilização (quantidade e estado) aquando da sua receção. Em seguida, as amostras foram secas a 60°C, seguidas de pulverização através de um triturador de mandíbulas até 70% passando uma malha de 10 mesh (2mm). As amostras divididas para análise XRF foram pulverizadas a 85% passando 200 mesh (75 µm) num moinho de anel e disco de aço macio. Uma alíquota de 0,2 g foi pesada num cadinho de grafite e misturada com 1,5 g de fluxo LiBO2/Li2B4O7. Os cadinhos foram aquecidos num forno a 980°C durante 30 minutos.

O grânulo resultante foi dissolvido em HNO3 a 5% (ácido nítrico de grau ACS diluído em água desmaterializada). As amostras e os brancos de calibração e de reagentes foram aspirados para um XRF (Spectro Ciros Vision ou Varian 735) para determinar o conjunto dos principais óxidos e elementos. A perda por ignição (LOI) foi determinada através da ignição de uma amostra de 1,0 g dividida a 950°C durante 90 minutos, medindo depois a perda de peso. O carbono total e o enxofre são determinados pelo método Leco.

As divisões de amostras para análise ICP-MS foram pulverizadas a 95% passando 150 mesh (100 µm) em um moinho de anel e disco de aço macio. Uma alíquota de 0,2 g foi pesada num cadinho de grafite e misturada com 1,5 g de fluxo LiBO2/Li2B4O7. Os cadinhos foram aquecidos num forno a 980°C durante 30 minutos. O grânulo resultante foi dissolvido em 100mL de HNO3 a 5% (ácido nítrico de grau ACS diluído em água desmineralizada). Verteu-se uma alíquota da solução para um tubo de ensaio de polipropileno. As amostras e os reagentes em branco calibrados foram aspirados para um ICP-MS (Perkin-Elmer Elan 6000 ou 9000) que determinou trinta e quatro elementos. Uma segunda amostra de 0,5 g foi digerida em Aqua Regia e aspirada para um ICP-MS para determinar os restantes elementos.

CAPÍTULO 2

CONTEXTO GEOLÓGICO DA BACIA DE BIDA

2.1 Declaração geral

A Bacia de Bida ou Bacia de Nupe é uma bacia sedimentar intracratónica de tendência NW-SE e está subdividida em Bacia de Bida Norte e Bacia de Bida Sul. Localiza-se na parte centro-oeste da Nigéria. Neste capítulo, será discutida a revisão da origem e das configurações estratigráficas da Bacia de Bida.

2.2 Evolução estrutural da Bacia de Bida

A Bacia de Bida ou Bacia de Nupe é uma bacia sedimentar intracratónica de tendência NW-SE que se estende de Kontagora, no Estado do Níger, na Nigéria, até áreas ligeiramente além de Lokoja, no sul. É delimitada a nordeste e sudoeste pelo Complexo Basement, enquanto se funde com as bacias de Anambra e Sokoto no preenchimento sedimentar que inclui fácies de molassas pós-Orogénicas e alguns sedimentos marinhos finos desdobrados (Adeleye, 1974). A bacia é um embaiamento de tendência NW-SE, perpendicular ao eixo principal da Calha de Benue e da Bacia do Delta do Níger; é frequentemente considerada como a extensão noroeste da Bacia de Anambra, ambas as quais foram grandes depocentros durante o terceiro grande ciclo transgressivo do sul da Nigéria no final do Cretácico.

King (1950) e Kennedy (1965) descreveram a bacia de Bida como uma estrutura tensional delimitada por uma fenda criada por falhas. Foi associada ao sistema da calha de Benue e ao afastamento das placas africana e brasileira. Trabalhadores como Adeleye (1978), Murray (1973), Ojo e Ajakaiye (1976) sugeriram várias ideias sobre a sua origem e possível configuração estrutural.

Whiteman, (1982) propôs que a Bacia de Bida é um sag cratónico raso pós-santoniano enquanto Braide (1992) sugeriu a ideia de uma origem pull-apart para a bacia. A existência de uma anomalia positiva central profunda delimitada por anomalias negativas típicas de uma estrutura de rifte foi confirmada pelo estudo geofísico de Ojo e Ajakaiye (1989). A análise de imagens Landsat efectuada por Kogbe *et. al.* (1981) indica que a Bacia de Bida meridional é controlada por falhas de tendência NW-SE que suportam um modelo de rifte.

A presença de fósseis marinhos como *Ostracoda, Tumitella* apoia a ideia de que o Mar Mediterrâneo passou pela bacia de Bida (Adeleye e Dessauvagie, 1970 e Ajakaiye, 1972).

Ojo e Ajakaiye (1976) também propuseram que a origem da bacia está ligada a reajustes isostáticos e a uma ligeira descida do interior do manto durante a colocação dos granitos mais jovens do Jurássico.

2.3 . Configurações estratigráficas regionais

A Bacia de Bida é considerada a extensão noroeste da Bacia de Anambra (Akande *et al.,* 2005). O preenchimento da bacia compreende uma faixa de rochas sedimentares do Cretáceo Superior com tendência para noroeste que foram depositadas em resultado de falhas em bloco, fragmentação do embasamento, subsidência, rifting e deriva, em consequência da abertura do Oceano Atlântico Sul no Cretáceo. Os principais movimentos horizontais (sinistrai) ao longo do eixo nordeste-sudoeste da calha de Benue adjacente parecem ter sido traduzidos para as zonas de cisalhamento de tendência norte-sul e noroeste para formar a Bacia de Bida perpendicular à calha de Benue (Benkhelil, 1989).

A sucessão estratigráfica da Bacia de Bida, coletivamente referida como o Grupo Nupe (Adeleye, 1973), compreende duas vertentes: a Bacia de Bida Norte (Sub-bacia de Bida) e a Bacia de Bida Sul (Sub-bacia de Lokoja).

2.3.1 Bacia do Norte de Bida

Existem quatro unidades estratigráficas mapeáveis reconhecidas nesta área, nomeadamente: o Arenito de Bida, o Arenito de Ferro de Sakpe, o Siltito de Enagi e a Formação de Ferro de Batati, todas elas correlacionáveis com as unidades estratigráficas da Bacia de Bida (Adeleye e Dessauvagie, 1972).

O Arenito Bida

O Arenito de Bida é da idade Companiana - Maastrichtiana, e está dividido em dois membros: o Membro Doko e o Membro Jima (Adeleye, 1972).

O Membro Doko, com cerca de 183m de espessura, é a unidade basal e é constituído por arcoses, sub-arcoses e arenitos quartzosos trançados mal selecionados que se sugere terem sido depositados num leque aluvial trançado (Adeleye, 1972).

O Membro Jima, com cerca de 90m de espessura, é dominado por arenitos quartzosos estratificados, siltitos e argilitos. Foram observados vestígios de fósseis (tocas de Ophiomorpha). Estes também foram observados no arenito Sakpe Ironstone sobrejacente, sugerindo uma possível influência marinha rasa submarina a intermarina durante a sedimentação (Adeleye, 1972), o arenito Jima é assim considerado como o equivalente mais distal da parte superior da formação Lokoja, onde foram observadas caraterísticas semelhantes.

A pedra de ferro Sakpe

Esta Formação é do Campaniano e sobrepõe-se diretamente à Formação Bida, sendo subdividida nos membros Wuya e Baro Ironstone, cada um com cerca de 5m de espessura (Adeleye, 1973). O membro Wuya Ironstone é composto principalmente por Ironstone oolítico e pisolítico com argilito arenoso subsidiário localmente presente na base. O Baro Ironstone é dominantemente oolítico e exibe mudanças de fácies muito rápidas ao longo da bacia.

O Siltito de Enagi

O Enagi Siltstone é da idade Maastrichtian, e consiste principalmente em siltitos e correlaciona-se com a Formação Patti na sub-bacia de Lokoja. Outras litologias subsidiárias incluem arenito, mistura de siltitos com alguns argilitos. Foram encontradas impressões de folhas e raízes fósseis na formação. A espessura da formação varia entre 30 e 60 m. O conjunto de minerais consiste principalmente em quartzo, feldspatos e minerais de argila (Adeleye, 1973).

A Formação Batati

Esta formação é a unidade mais recente e superior da sequência sedimentar da Bacia de Bida. A Formação Batati é constituída por arenitos argilosos, oolíticos e goethíticos com intercalações de argilitos ferruginosos e siltitos e leitos de xistos que ocorrem em proporções menores, alguns dos quais produziram fauna marinha rasa e de água doce (Adeleye, 1973).

2.3.2 Bacia do Sul de Bida

No sul da Bacia de Bida, as exposições de arenitos e conglomerados da Formação Lokoja (cerca de 300 m de espessura) sobrepõem-se diretamente aos gnaisses e xistos do Pré-Câmbrico ao Paleozoico Inferior (fonte). Esta é sobreposta pelos xistos, siltitos, argilitos e arenitos alternados da Formação Patti (ca. 70-100 m) de espessura nos eixos Koton-Karfi e Abaji e sucedida pelos argilitos, siltitos concrecionários e ferros da Formação Agbaja (Mucke, 2000). A Bacia de Bida do Sul é constituída por três formações mapeáveis: a Formação Lokaja, a Formação Patti e a Formação Agbaja (Adeleye, 1973).

A Formação de Lokoja

A Formação de Lokoja é a unidade litológica mais antiga na Bacia de Bida Sul, é da idade Campaniana - Maastrichtiana, (Adeleye, 1973). As unidades litológicas nesta formação variam de conglomerados, arenitos de grão grosso a fino, siltitos e argilitos na área de Lokoja (vrbka *et al,* 1999). Os paralelepípedos subarredondados e bem arredondados, os seixos e os grãos de quartzo de tamanho granular nas unidades estão frequentemente distribuídos numa matriz argilosa (Ehinola, 2005). As unidades de arenito são frequentemente estratificadas, geralmente mal selecionadas e compostas principalmente por quartzo e feldspato e são, portanto, texturalmente e mineralogicamente imaturas (vrbka *et al,* 1999). As caraterísticas gerais desta sequência, especialmente o carácter de afinamento ascendente, a imaturidade composicional e textural e as tendências paleocorrentes unidireccionais, sugerem um ambiente de deposição fluvial dominado por cursos de água entrançados com areias depositadas como barras de canal em consequência da flutuação da velocidade do fluxo. Os arenitos de grão fino, os siltitos e as argilas representam depósitos de planícies de inundação sobre margens (Ojo e Akande, 2003).

No entanto, Peters (1986) relatou a ocorrência de uma certa diversidade de foraminíferos arenáceos no intervalo argiloso da Formação Lokoja, indicando alguma influência marinha pouco profunda. Estes microfósseis de foraminíferos identificados por Peters (1986) são, no entanto, mais comuns na Formação Patti sobrejacente, onde se sabe que as condições de deposição marinha pouco profunda prevaleceram mais.

A formação Patti

A Formação Patti é de idade Maastrichtiana (Adeleye, 1973). Esta formação é constituída por arenitos, siltitos, argilitos e xistos intercalados com ferros bioturbados. As unidades argilosas predominam nas partes centrais da bacia (Akande e Ojo, 2002), os arenitos aqui são mais mineralogicamente amadurecidos em comparação com os da Formação Lokoja (Ojo e Akande, 2003). Os siltitos da Formação Patti são geralmente estratificados paralelamente com estruturas sedimentares suaves ocasionais (por exemplo, slumps) e outras estruturas como ondulações onduladas, laminações convolutas, estruturas de carga (Obaje *et al,* 2011). Os vestígios fósseis (especialmente

Thallasanoides) são frequentemente preservados. Os argilitos intercalados são geralmente maciços e cauliníticos, enquanto os xistos cinzentos intercalados são frequentemente carbonosos (Obaje *et al,* 2011). A Formação Patti foi datada como sendo de idade Maastrichtiana (Jan du Chene *et al.,* 1978, Ojo e Akande, 2008).

A Formação Agbaja

Esta formação forma uma capa persistente para os sedimentos Campanianos - Maastrichtianos na Bacia de Bida Sul como um equivalente lateral da Formação Batati no lado norte da bacia, é a unidade litológica mais recente da sucessão sedimentar. (Obaje *et al,* 2011). A formação Agbaja consiste em arenitos e argilitos nesta região (Obaje *et al,* 2011). Os arenitos e os argilitos são interpretados como areias de canais abandonados e depósitos sobre margens influenciados pelo retrabalhamento marinho para formar os maciços arenitos concrecionários e oolíticos observados (Ladipo *et al,* 1994). Foi também relatado que influências marinhas menores inundaram o ambiente continental inicial das partes superiores do Arenito Lokoja e da Formação Patti (Braide, 1992; Olaniyan e Olobaniyi, 1996). As inundações marinhas parecem ter continuado durante o período de deposição dos arenitos de Agbaja no sul da Bacia de Bida (Ladipo *et al,* 1994).

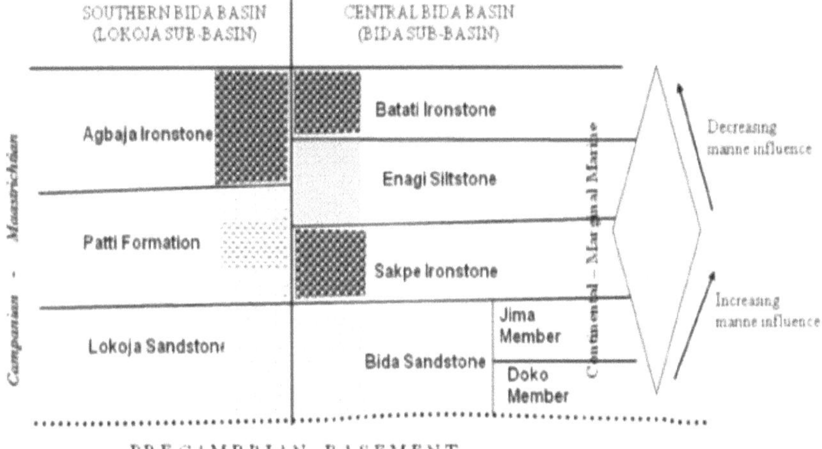

SUBSOLO PRÉ-CAMBRIANO

Fig 2.0: Sucessões estratigráficas regionais na Bacia de Bida e relações estratigráficas NW-SE-S restauradas da Bacia de Bida para a Bacia de Anambra (segundo Akande *et al.*, 2005).

CAPÍTULO 3

DESCRIÇÃO LITOESTRATIGRÁFICA E ANÁLISE DE FÁCIES

3.1 . Declaração geral

A litoestratigrafia é uma sub-disciplina da estratigrafia, é uma ciência geológica associada ao estudo dos estratos ou camadas de rocha, um aspeto da estratigrafia que se baseia nas propriedades físicas e petrográficas das rochas, bem como na interpretação dos caracteres físicos das rochas sedimentares. A litoestratigrafia e a análise de fácies das áreas estudadas na Bacia de Bida Norte serão discutidas neste capítulo.

Seguem-se as descrições de campo das litofácies de preenchimento da bacia da Bida em secções de afloramento que compreendem exposições de canais fluviais e de bermas de estrada, em cinco localidades na porção norte da bacia da Bida.

3.2 Descrição litoestratigráfica

Três secções litológicas da Formação Enagi foram estudadas no decurso deste estudo. Estas secções incluem: - secção Kudu, secção Kutigi 1, secção Kutigi 2.

3.2.1 Secção Kudu

A exposição em Kudu é um representante da Formação Enagi. O afloramento é uma exposição à beira da estrada, situada ao longo da estrada Mokwa - Bida, e tem cerca de 9m de espessura. A associação de litolofácies deste afloramento varia entre arenitos, argilitos, siltitos, com uma fácies de Ironstone, cobrindo-o no topo (Fig. 3.1).

Os arenitos são geralmente argilosos no fundo (KUD1A & KUD1B) e intercalados com arenitos conglomeráticos de 0,7 m de espessura (KUD1B) na base, que são suportados pela matriz (Fig. 3.1). Os clastos dos conglomerados são compostos principalmente por seixos de quartzo angulares a sub-arredondados, poucos feldspatos e associações de fragmentos de rocha, indicando a baixa maturidade do sedimento. Uma fácies de siltito bem litificada (KUD1D) com cerca de 0,76m de espessura separa a fácies de arenito argiloso da fácies de argilito, os leitos de argilito têm cerca de 5,0m de espessura e são geralmente bem compactados.

Na parte superior desta secção, ocorre uma outra fácies de arenito de grão fino (KUT1G), com cerca de 1,6 m de espessura e que é coberta por um arenito ferruginoso concrecional no topo da secção.

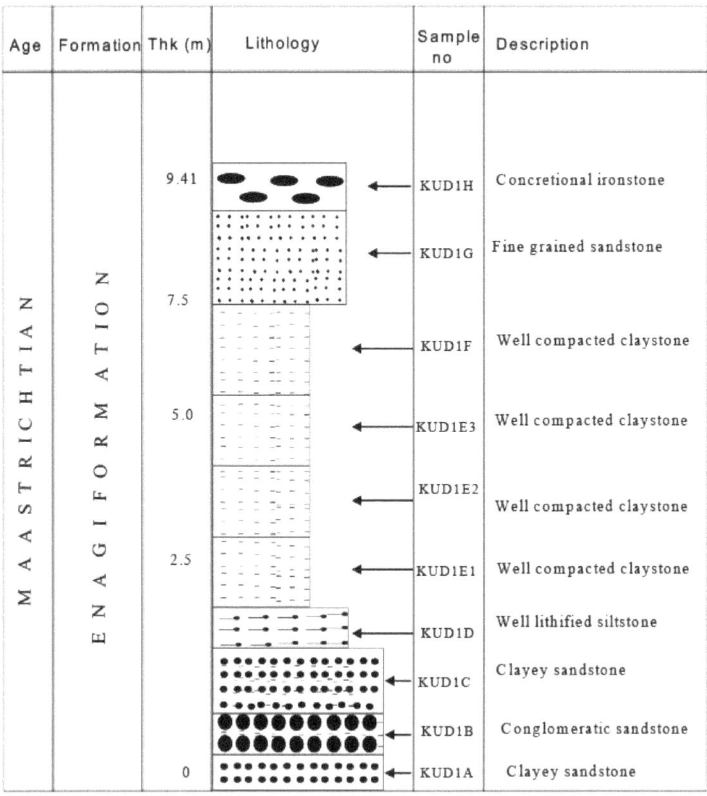

Fig. 3.1: Secção litológica da Formação Enagi exposta em Kudu (ao longo da estrada Bida-Mokwa)

Fig. 3.2: A coloração amarela do leito de argila litificada.

3.2.2 Litoestratigrafia da Formação Enagi em Kutigi.

Foram estudados dois afloramentos expostos em Kutigi, nomeadamente; Kutigi 1 e Kutigi 2, ambas as secções são exposições à beira da estrada e são exposições da Formação Enagi Maastrichtiana.

3.2.2.1 Secção Kutigi 1

O afloramento em Kutigi 1 está localizado na junção de Kutigi, ao longo da via rápida Bida-Mokwa, na Latitude: 09°12' 00.7 "N e Longitude: 005°35' 25.7 "E, tendo uma Elevação (base):210m e Elevação (topo):240m. Tem uma espessura de cerca de 30m e a litologia é composta por fácies de argilito e uma fácies de arenito pedregoso, sendo depois rematada pela fácies de arenito ferrífero no topo (Fig. 3.3).

A fácies de argilito varia de subfácies de argilito arenoso (KUT1B) na base a subfácies de argilito siltoso (KUT1E e KUT 1J) no topo da secção. São geralmente bastante compactadas na base (KUT1A) e tornam-se mais compactas em direção ao topo da secção, são geralmente finamente laminadas e contêm manchas amarelas. A fácies de arenito pedregoso (KUT1C) é suportada pela matriz e fracamente compactada, tem cerca de 0,6m de espessura e assenta sobre a unidade de arenito-argiloso (KUT1B) com cerca de 0,8m de espessura, ocorre imediatamente antes da secção coberta de 3,5m de espessura na base do afloramento.

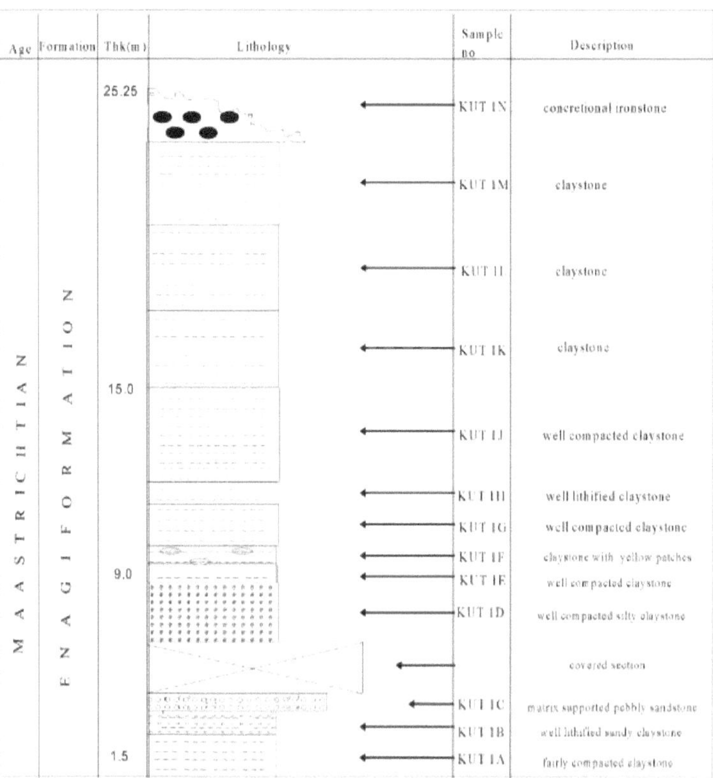

Fig. 3.3: Secção litológica da Formação Enagi exposta na junção de Kutigi (ao longo da estrada Bida-Mokwa)

Matriz suportada Arenito de calhau rolado na base

19

3.2.2.2 Secção Kutigi 2

A secção Kutigi 2 (Latitude: 09°11' 58.6 "N e Longitude: 005°36' 04.6 "E), (Elevação da base: 210m e Elevação do topo: 236m) está exposta ao longo da estrada de Kuga, a cerca de 2km do cruzamento de Kutigi, a espessura da exposição é de cerca de 26.6m, e a litologia é composta essencialmente por duas (2) fácies, nomeadamente; a fácies de arenitos de tamanhos variados na base e a fácies de argilas que ocorre em direção ao topo e coberta por um solo superficial de 2,0m de espessura.(Fig. 3.5)

Estes sedimentos, que se tornam mais finos à medida que se sobe, consistem numa sequência de fácies de arenito na base da secção, fácies de siltito no meio e fácies de argila no topo. As fácies de arenito apresentam uma gama variada de subfácies que incluem: subfácies de arenito de grão muito grosseiro, grosseiro-muito grosseiro, médio-grosseiro e fino-médio. Os leitos de arenito são de grau ascendente a partir da base. O leito de arenito seixo tem cerca de 1,0 m de espessura, é ferruginoso e apresenta coloração rosada. As fácies de arenito são geralmente ferruginizadas, apresentando uma coloração rosa-acastanhada, são geralmente fracamente laminadas e apresentam estruturas de escavação nestes leitos.

A fácies de siltito (KUT2K), com cerca de 1,3km de espessura, contém manchas de argila, é ferruginosa apresentando coloração rosa-acastanhada e ocorre entre as subfácies de arenito de granulação grossa e média. A fácies de argilitos (KUT2N, KUT2P, KUT2Q, KUT2R) ocorre no topo da secção, geralmente bem compactada e com colorações acastanhadas. O arenito é coberto por uma camada intemperizada de 2.0m de espessura.

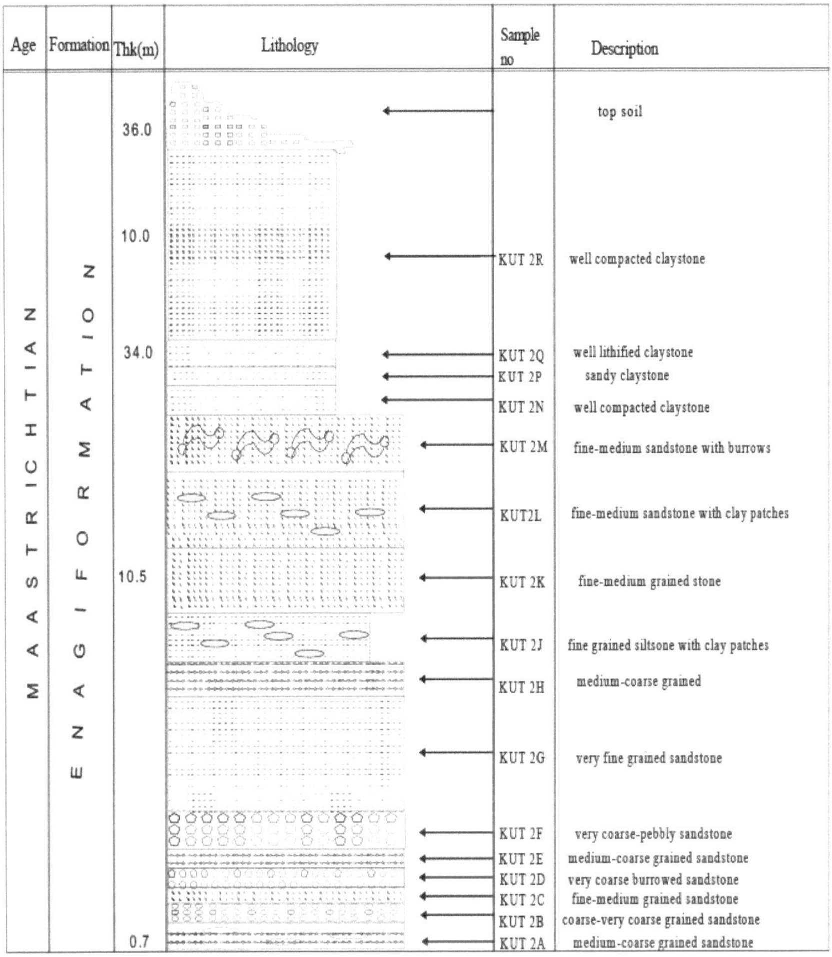

Age	Formation	Thk(m)	Lithology	Sample no	Description
		36.0			top soil
		10.0		KUT 2R	well compacted claystone
		34.0		KUT 2Q	well lithified claystone
				KUT 2P	sandy claystone
				KUT 2N	well compacted claystone
				KUT 2M	fine-medium sandstone with burrows
				KUT2L	fine-medium sandstone with clay patches
		10.5		KUT 2K	fine-medium grained stone
				KUT 2J	fine grained siltsone with clay patches
				KUT 2H	medium-coarse grained
				KUT 2G	very fine grained sandstone
				KUT 2F	very coarse-pebbly sandstone
				KUT 2E	medium-coarse grained sandstone
				KUT 2D	very coarse burrowed sandstone
				KUT 2C	fine-medium grained sandstone
				KUT 2B	coarse-very coarse grained sandstone
		0.7		KUT 2A	medium-coarse grained sandstone

(Age column: **MAASTRICHTIAN**; Formation column: **ENAGI FORMATION**)

Fig. 3.5: Secção litológica da Formação Enagi exposta em Kutigi (ao longo da estrada de Kuga).

3.3 Análise de litofácies e interpretação paleoambiental

Com base nas estruturas e texturas sedimentares, foram reconhecidas as seguintes fácies sedimentares da Formação Enagi na área de estudo.

3.3.1 Facies de arenito da Formação Enagi

As fácies de arenito nas localidades estudadas ocorrem geralmente na base e são caracterizadas por diferentes tamanhos de grão que variam de subfácies de arenito de grão fino a conglomerático. A subfácie conglomerática é menos frequente na maioria dos locais estudados; foi representada apenas na secção de Kudu. Geralmente, a fácies conglomerática é friável e suportada pela matriz, ocorre na base da secção e a espessura deste leito é de cerca de 0,7 m, apresentando uma coloração amarela a acastanhada. Os clastos do arenito conglomerático são compostos principalmente por seixos de quartzo angulares a sub-arredondados, poucos feldspatos e associações de fragmentos de rocha, indicando a baixa maturidade do sedimento.

A subfácies de arenitos seixos é a seguinte em termos de tamanho à subfácies de arenitos conglomeráticos na área de estudo. São compostas principalmente por silte e arenitos de tamanho de seixo. Está bem representada apenas na secção 2 em Kutigi, tem cerca de 0,6 m de espessura e apresenta uma coloração acastanhada. Ocorre na base da secção e encontra-se sobre uma unidade de argilito arenoso com cerca de 0,8m de espessura (Fig. 3.4). O arenito pedregoso é friável e apresenta seixos de quartzo angulares a sub-arredondados.

O arenito de grão grosseiro-muito grosseiro é o próximo em termos de tamanho das subfácies de arenito seixo na área de estudo, está bem representado na secção 2 em Kutigi e tem uma espessura média de cerca de 0,75m e é geralmente bem compactado e mostra uma coloração rosada, têm estruturas de tocas e ocorre na base da secção (Fig. 3.4).

A subfácie de arenito médio-grosso também está bem representada na secção 2 em kutigi, com uma espessura média de 0,7m. São geralmente fracamente laminadas, têm estruturas de escavação e geralmente mostram estratificação cruzada (Fig. 3.4).

A subfácie de arenito fino-médio está bem representada na secção 2 em Kutigi, com uma espessura média de 1,4m. São fracamente estratificados, apresentam estruturas de tocas e manchas de argila. Apresentam geralmente uma coloração rosa-acastanhada. Ocorrem geralmente no meio, em direção ao topo da secção.

3.3.2 Facies de siltitos da Formação Enagi

O siltito facie raramente ocorre na secção sedimentar da área estudada da Formação Enagi, está representado na secção em Kudu, e é bem litificado, com cerca de 0,76m de espessura e apresenta coloração acastanhada (Fig. 3.1). A falta de associação com qualquer fauna marinha ou caraterísticas sedimentares sugere uma planície de inundação não marinha ou um ambiente de lago de arco de boi adjacente aos canais trançados (Miall, 1990; Ojo & Akande, 2011).

3.3.3 Facies argilosas da Formação Enagi

O fácies argiloso é o mais frequente no local estudado. São bastante compactadas a bem compactadas. Têm uma espessura média de cerca de 2,4m. Estão altamente representadas na secção da área de Kudu e Kutigi 1 (Fig. 3.1 & 3.3). Apresentam geralmente uma coloração leitosa a acastanhada, e ocorrem maciçamente desde a secção média do afloramento até muito perto do topo, onde são normalmente sobrepostos pelo solo superficial no topo das secções. A natureza argilosa das fácies de argilito, juntamente com a fina laminação, sugerem um sistema deposicional de baixa energia em ambiente de planície de inundação ou de margem. A falta de associação com qualquer fauna marinha ou caraterísticas sedimentares sugere uma planície de inundação não marinha ou um ambiente de lago de arco de boi adjacente aos canais trançados (Miall, 1990; Ojo & Akande, 2011).

CAPÍTULO 4

DISTRIBUIÇÃO GRANULOMÉTRICA, PETROGRAFIA

4.1 Declaração geral

Este capítulo apresenta e discute o resultado das análises laboratoriais que foram efectuadas nas amostras de arenito, estas análises laboratoriais incluem:-

1. Análise granulométrica
2. Análise de secções finas
3. Análise de separação de minerais pesados

4.2 Análise granulométrica

A granulometria é a propriedade mais fundamental das partículas de sedimentos, afectando o seu arrastamento, transporte e deposição. A análise granulométrica fornece, por conseguinte, pistas importantes sobre a proveniência dos sedimentos, o historial do transporte e as condições de deposição (por exemplo, Folk e Ward, 1957; Friedman, 1979; Bui *et al.*, 1990).

Sete amostras de arenito foram submetidas a uma análise granulométrica e os seus parâmetros granulométricos foram então derivados. A partir dos dados de granulometria (Tabela 1), foram traçadas as curvas cumulativas e o histograma (Fig.4.1-4.6).

Uma avaliação do resultado da média gráfica (Tabela 2) usando a escala de tamanho de grão de Wentworth (1922) para sedimentos mostra que as fácies de arenito da Formação Enagi expostas em Kutigi 2, variam de grão grosso (0,10) a grão médio (1,47), em média. São areias grossas (0,70), e 51,4% das amostras de arenito são de grão grosso, 48,6% são arenitos de grão médio. Os valores da média gráfica para esses arenitos indicam que a porcentagem de ocorrência do arenito de granulação grossa é maior em relação à do arenito de granulação média, indicando sua proximidade com a rocha geradora.

Os valores de classificação das fácies de arenito da Formação Enagi variam de mal classificado (1,32) a medianamente classificado (0,97) com uma classificação média de 1,06 (ou seja, mal classificado). 76,7% das amostras são mal classificadas, enquanto apenas cerca de 13,3% são moderadamente classificadas. Este facto sugere que os arenitos estão mal classificados, indicando, portanto, que os arenitos da Formação Enagi são texturalmente imaturos.

Os valores para as fácies de arenito variam de uma inclinação fina (ski = 0,27) a uma inclinação fortemente grosseira (ski = -0,03). Em média, as fácies de arenito da Formação Enagi são finamente inclinadas (0,43), o que indica que as fácies de arenito na área estudada foram depositadas por um agente de transporte de baixa energia. Este facto confirma ainda mais a imaturidade textural indicada pelos valores de classificação.

Os valores de curtose gráfica para as fácies de arenito da Formação Enagi variam de platicúrtica (0,77) a leptocúrtica (1,34) com uma média de 1,03, mesocúrtica.

O resultado modal das amostras de arenito analisadas da Formação Enagi na área estudada foi unimodal e isso sugere que as amostras das formações são de uma única fonte.

Tabela 4.1: Os valores dos parâmetros estatísticos obtidos a partir da análise granulométrica e a sua correspondente descrição para a Formação Enagi.

Número da amostra	Valores (phi)				Interpretação		
	Média	Ordenação	Curtose	Skewness	Média	Ordenação	Skewness
KUT 2A	0.2	1.03	-0.15	1.15	Areia grossa	Mal selecionado	Leptocúrtico

KUT 2B	0.75	1.00	0.10	1.02	Areia grossa	Mal selecionado	Mesocúrtica
KUT 2C	0.1	1.02	0.1	0.98	Areia grossa	Mal selecionado	Mesocúrtica
KUT 2E	0.77	1.08	-0.03	1.18	Areia grossa	Mal selecionado	Leptocúrtico
KUT 2H	0.82	1.02	0.27	1.34	Areia grossa	Mal selecionado	Leptocúrtico
KUT 2J	1.03	0.97	0.1	0.79	Areia média	Médio selecionado	Platykurtic
KUT 2K	1.47	1.32	0.04	0.77	Areia média	Mal selecionado	Platykurtic

4.3 Dados sobre a dimensão dos grãos e interpretação paleoambiental

Os gráficos padrão de Friedman (1961, 1967 e 1979) são utilizados neste estudo para discriminar entre as areias da praia e do rio. Os gráficos dispersos de assimetria gráfica inclusiva versus curtose (Fig.4.3), assimetria gráfica inclusiva versus desvio padrão gráfico inclusivo (Fig.4.2) e média gráfica versus desvio padrão gráfico inclusivo (Fig.4.1) mostram que as fácies de arenito expostas na área de Kutigi são depositadas num ambiente fluvial.

A fácies de arenito da Formação Enagi varia de grão médio a grosso. Os sedimentos grosseiros observados foram associados a condições de alta energia que caracterizam a lavagem de alguns grãos mais pequenos, deixando os grãos grosseiros que eram demasiado pesados devido à gravidade para serem transportados pela corrente de água. Estes sedimentos são sugeridos como estando dentro do curso superior de um rio. Pelo contrário, os sedimentos de grão médio das outras amostras são sugeridos como tendo sido transportados mais abaixo no canal do rio com uma energia de transporte relativamente mais baixa. Obtém-se, assim, uma forma de gradação lateral ou um fenómeno de desclassificação.

Outro parâmetro estatístico importante utilizado para a dedução do historial de transporte é o desvio-padrão inclusivo (ordenação). A classificação mede a dispersão em torno da média e quanto maior for a dispersão, maior será o desvio padrão e pior será a classificação. O cálculo estatístico indicou valores de classificação que variam entre (0,97 - 1,32) Tabela 4.82. A dispersão dos valores de seleção é um reflexo da distância de transporte, da energia e do ambiente de deposição, tal como descrito para a "média". Por conseguinte, os sedimentos mal classificados significam que não foram transportados para longe da sua fonte; sugere-se que a responsabilidade seja da elevada energia de transporte que não permitiu a classificação hidráulica e que provavelmente está associada a uma inundação repentina de volume de água e a uma taxa de sedimentação relativamente elevada. Entretanto, os sedimentos moderadamente selecionados indicam que foram transportados para relativamente mais longe da sua fonte, em resultado de uma energia de transporte relativamente mais baixa, a intervalos regulares, que permitiu uma boa seleção hidráulica no curso inferior de um rio.

A assimetria gráfica inclusiva (SKI) dos sedimentos também foi calculada para a interpretação do historial do transporte de sedimentos. A assimetria é um parâmetro que determina ou mede a simetria na dispersão de uma distribuição, bem como o grau de desequilíbrio de uma curva (ver fig. 4.3). A natureza enviesada fina e enviesada grosseira dos sedimentos mostra a entrada de sedimentos de várias fontes de afluentes: a natureza enviesada fina implica uma velocidade mais baixa do que o normal, enquanto a enviesada grosseira implica que estes sedimentos foram depositados a alta velocidade.

O gráfico representativo de cada amostra foi traçado usando o gráfico de probabilidade de log, a fim de compreender melhor o mecanismo de transporte dos sedimentos. No entanto, o tamanho médio sugere a prevalência da saltação como o modo de transporte sobre a tração do fundo para as amostras de arenito. O gráfico de dispersão da assimetria em relação à kutorsis, bem como o gráfico de dispersão da média em relação à classificação, mostraram claramente que as amostras de arenito são de origem fluvial e são areias de rio, com base no conceito de Friedman (1961, 1969 e 1979).

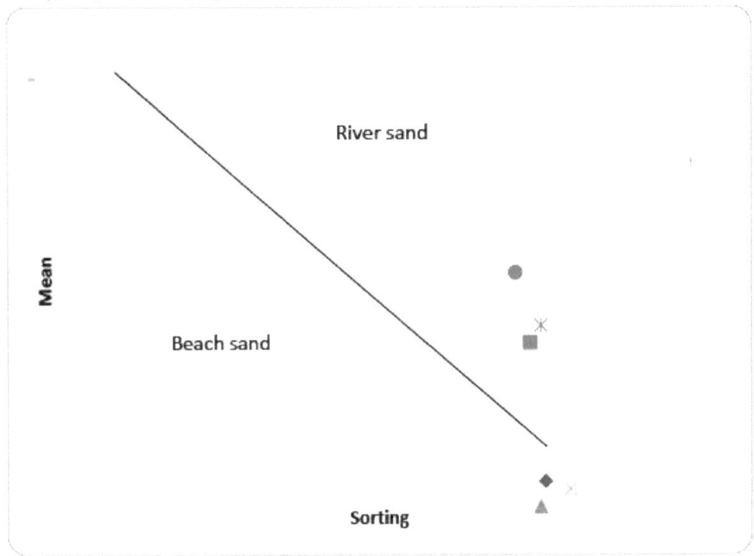

Fig. 4.1: Gráfico de dispersão da média em relação à seleção (segundo Friedman 1961, 1969 & 1979)

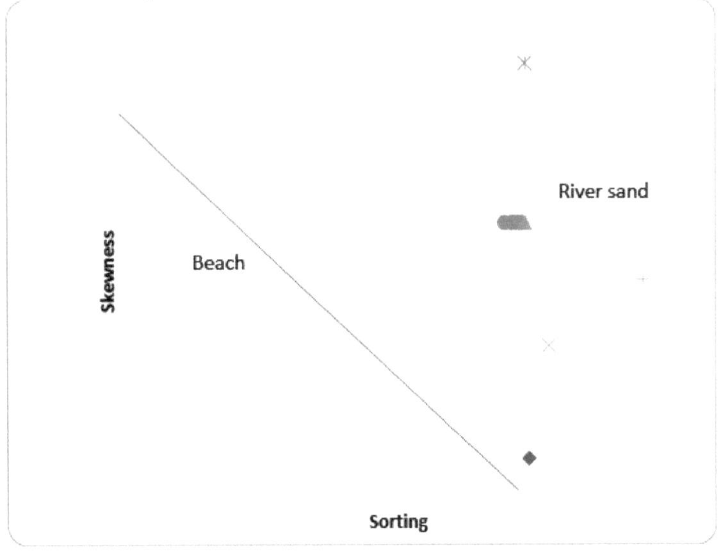

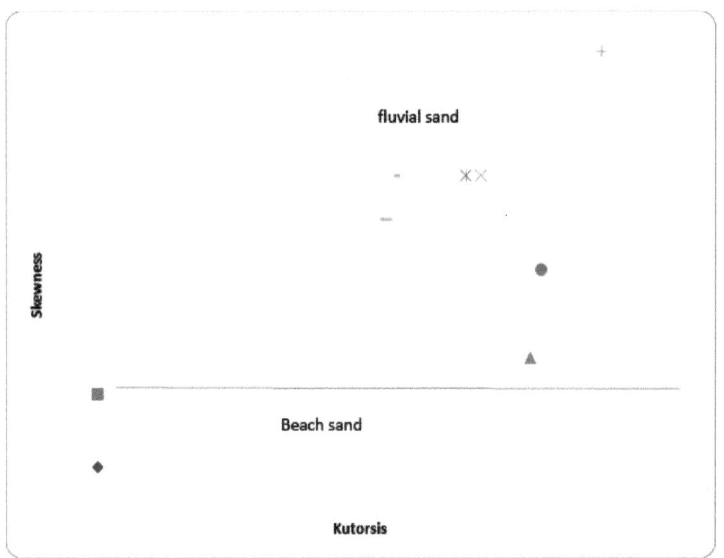

Fig. 4.3 Gráfico de dispersão da assimetria em relação à curtose (segundo Friedman 1961, 1969 e 1979)

4.4 Petrografia

O estudo petrográfico foi efectuado em oito amostras de arenito; uma amostra de Kudu, e sete outras amostras de arenito da área de Kutigi da Formação Enagi. Mais de 90% do total de grãos da estrutura é composto por quartzo. Estes grãos são sub-angulares a sub-arredondados, mal selecionados e mostram maturidade mineralógica. A proporção de grãos monocristalinos é menor (23%-43%) do que a de grãos de quartzo policristalinos (52-68%), tabela 5. A ocorrência de quartzo policristalino e monocristalino pode ser o resultado da influência de fontes ígneas e metamórficas. A variedade monocristalina não ondulante é mais comum do que a variedade ondulante. O quartzo também contém inclusões de outros minerais. O quartzo está solto dentro da matriz e é por vezes revestido com óxido de ferro sob a forma de cimento, o que pode ser o efeito de processos diagenéticos (Fig. 4.4 - 4.10).

As fácies de arenitos estudadas da Formação Enagi mostram que a sua origem provém de rochas ígneas e metamórficas, o que se deve à ocorrência de quartzo monocristalino e policristalino observado no exame petrográfico das amostras de arenitos.

Tabela 4.2: Análise modal das amostras de arenito selecionadas.

Localização	Número da amostra	%Quartz			%Feldspato			Fragmentos de rocha	Outros		
		MQ	PQ	TQ	M	P	TF		Rutilo	Zircão	turmalina
Kudu	KudlB	35	58	93	-	2	2	3	1	1	-
Kutigi	KutlC	27	66	93	2	1	3	3	1	1	-
Kutigi	Kut2A	37	55	92	-	2	2	2	2	1	1
Kutigi	Kut2C	23	68	91	2	1	3	2	1	1	2
Kutigi	Kut2D	28	62	88	2	1	3	3	2	-	2
Kutigi	Kut2G	32	61	93	1	1	2	2	1	1	1
Kutigi	Kut2J	43	52	95	-	2	2	2	-	1	-
Kutigi	Kut2K	38	52	90	-	2	2	4	2	1	1

Tabela 4.3: Composição da estrutura das amostras selecionadas

Número da amostra	Composição da estrutura		
	Quartzo	Feldspato	Fragmentos de rocha
KudlB	94.9	2.0	3.1
KutlC	94.9	2.0	3.1
Kut2A	95.8	2.1	2.1
Kut2C	93.8	3.1	3.1
Kut2D	93.8	3.1	3.1
Kut2G	95.9	2.1	2.0
Kut2J	96.0	2.0	2.0
Kut2K	93.8	3.1	.3.1

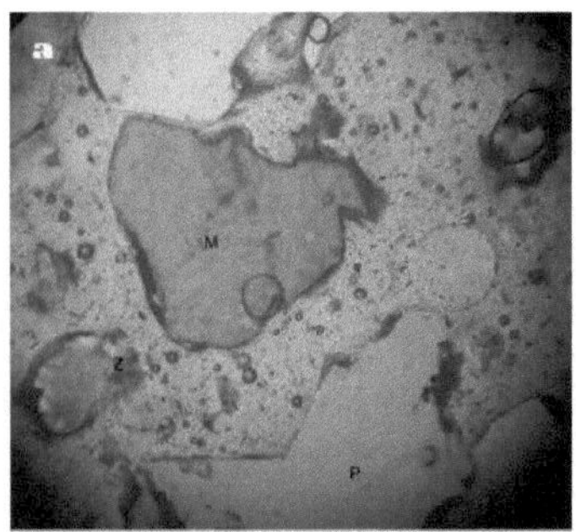 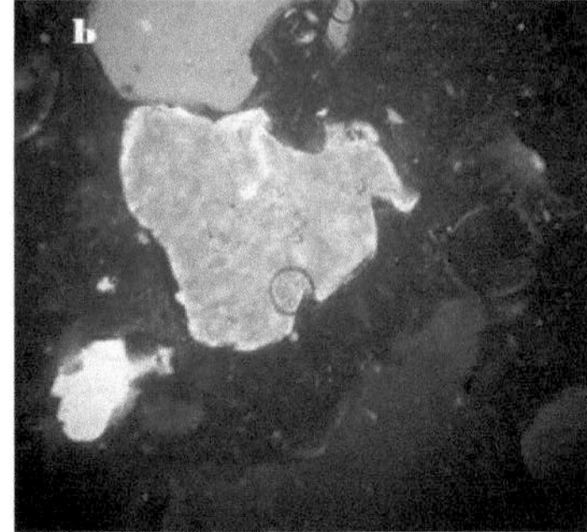

Fig. 4.4: Fotomicrografia das amostras de arenito estudadas expostas em Kutigi (KUT2G). Note-se a forma angular do Quartzo; (a) luz polar plana (b) luz polar cruzada

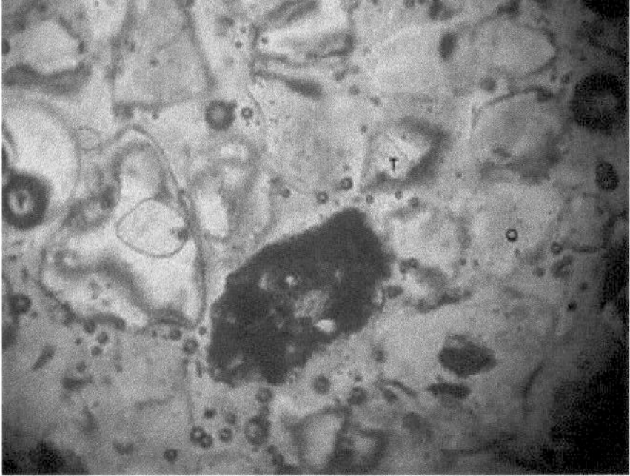

Fig. 4.5: Fotomicrografia das amostras de arenito estudadas expostas em Kutigi (KUT2J) sob luz polar plana. Note-se a propriedade de classificação e porosidade do mineral.

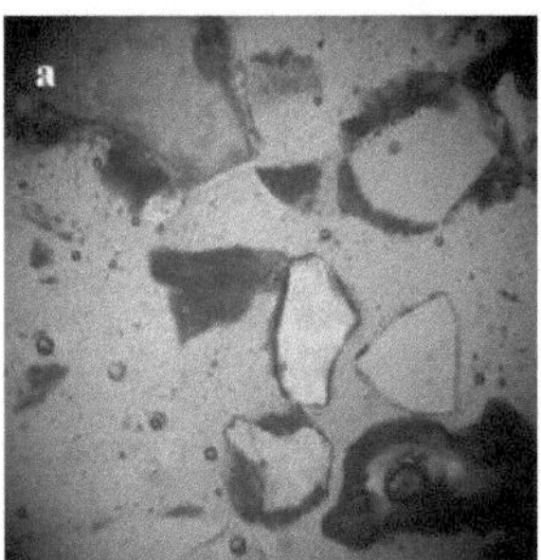 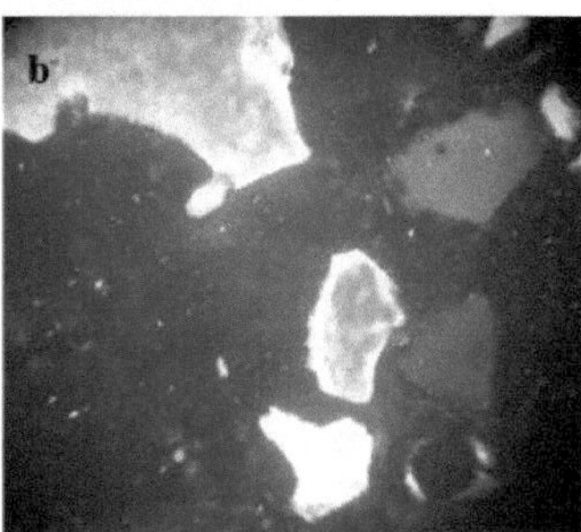

Fig. 4.6: Fotomicrografia das amostras de arenito estudadas expostas em Kutigi (KUT2D). Note-se a forma angular-sub-angular e o revestimento de ferro dos minerais; (a) luz polar plana (b) luz polar cruzada

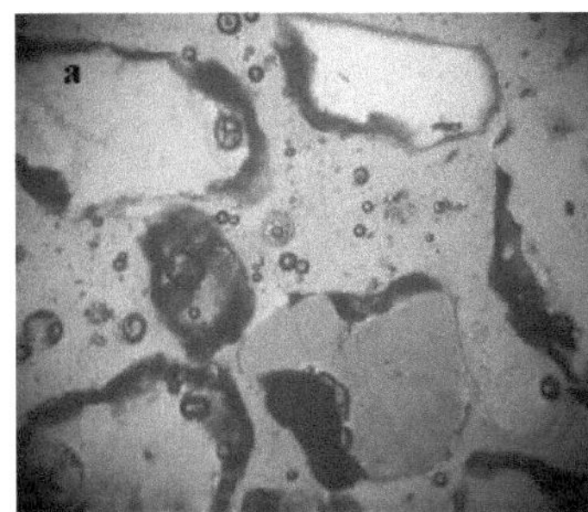
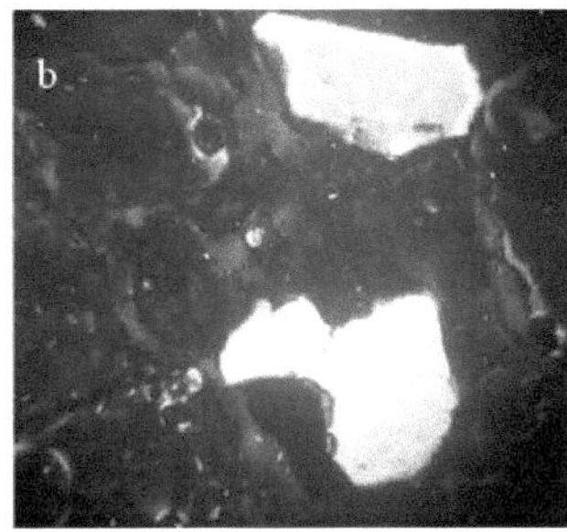

Fig. 4.7: Fotomicrografia da exposição estudada em Kutigi (KUT2C). Note-se a forma angular e o revestimento de ferro dos minerais; (a) luz polar plana (b) luz polar cruzada

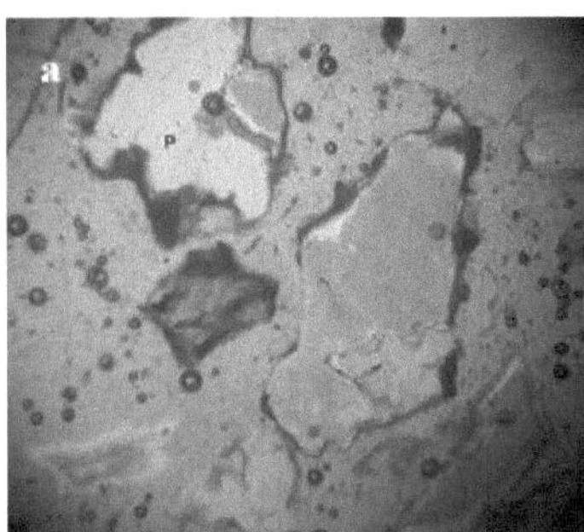
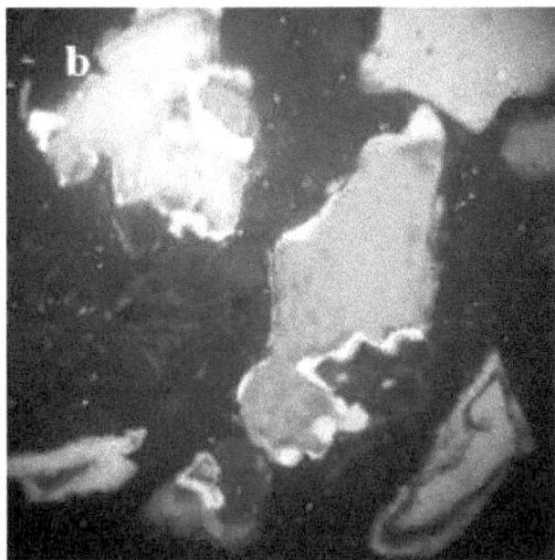

Fig. 4.8: Fotomicrografia das amostras de arenito estudadas expostas em Kutigi (KUT2A). Note-se a forma angular e o revestimento de ferro dos grãos minerais e a natureza policristalina do quartzo; (a) luz polar plana (b) luz polar cruzada

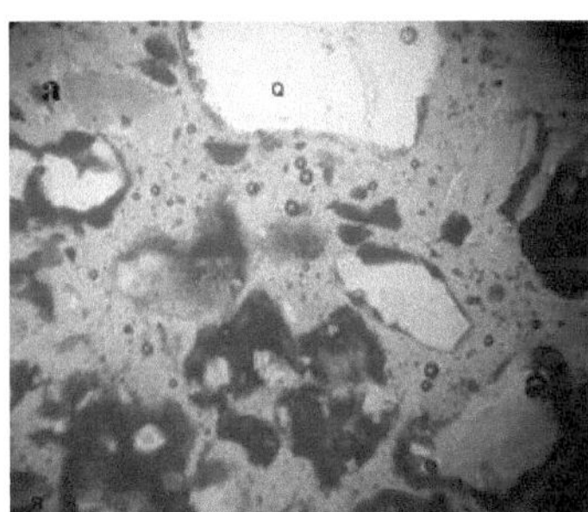
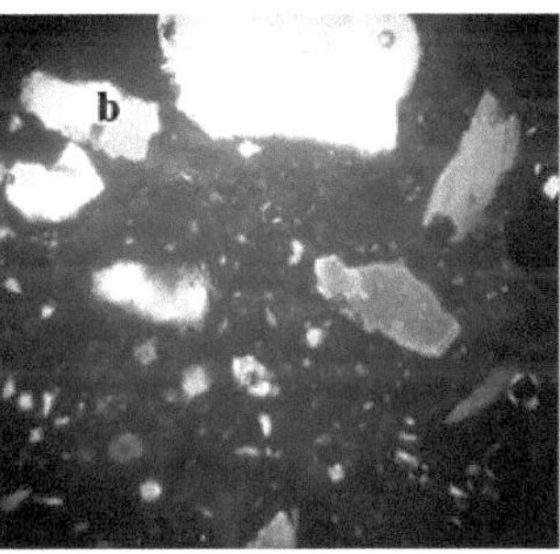

Fig. 4.9: Fotomicrografia das amostras de arenito estudadas expostas em Kutigi (KUT1C). Note-se a intensa cimentação do ferro no mineral; (a) luz polar plana (b) luz polar cruzada

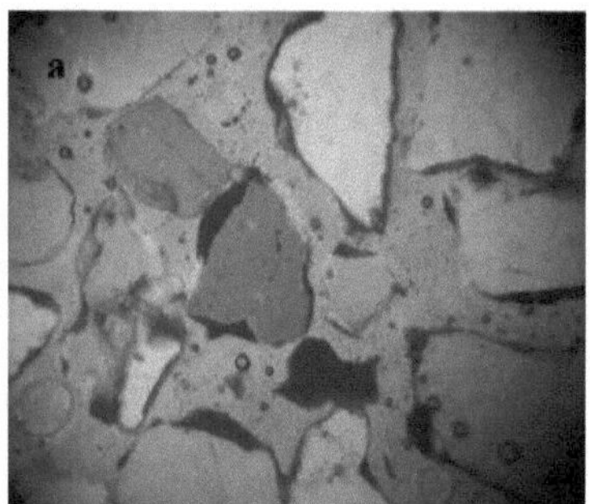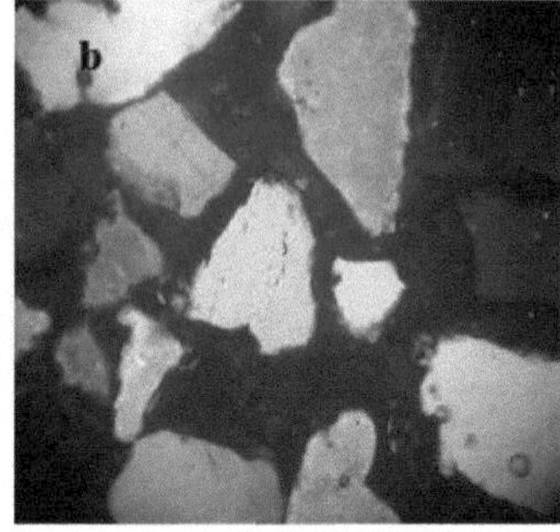

Fig. 4.10: Fotomicrografia das amostras de arenito estudadas expostas em Kutigi (KUT2K). Note-se a forma angular, a classificação e a propriedade de porosidade do mineral; (a) luz polar plana (b) luz polar cruzada.

4.5 Classificação dos arenitos e maturidade mineralógica

O diagrama QRF foi utilizado para classificar as amostras de arenitos da Formação Enagi expostas no Kutigi. A partir do gráfico, os arenitos das amostras foram classificados como Quartzo arenito - subarcose. Os arenitos são geralmente observados como sendo de composição madura; isto baseia-se na abundância de quartzo e nas baixas ocorrências de minerais de feldspato, bem como na baixa percentagem de fragmentos de rocha. No entanto, observa-se que são texturalmente imaturos, o que se baseia na forma angular e sub-angular dos minerais e nas fracas caraterísticas de classificação dos minerais, conforme observado na fotomicrografia (Fig. 4.4 - 4.10). Isto indica que não foram transportados para longe da fonte. A ocorrência de minerais pesados como o zircão, o rutilo e a turmalina em algumas das amostras de arenitos é uma evidência da maturidade composicional das amostras de arenitos. A cimentação dos minerais por revestimento de ferro foi evidente na fotomicrografia, o efeito disto é que restringe o crescimento excessivo dos cristais minerais, bem como ajuda a porosidade da rocha.

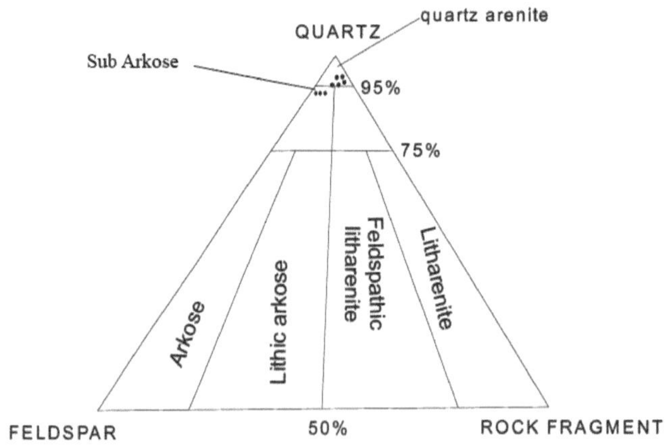

Fig. 4.11: Componente da estrutura da amostra de arenito estudada. (Segundo Folk,1968)

4.6 Análise de minerais pesados e proveniência.

A análise de minerais pesados foi efectuada principalmente para determinar a proveniência. Prevê-se que a análise de minerais pesados seja um indicador mais sensível da proveniência dos sedimentos do que a geoquímica do wholerock, devido aos controlos mineralógicos múltiplos e complexos sobre as principais distribuições de oligoelementos, mas é normalmente efectuada apenas em amostras de granulometria grosseira, embora os conjuntos de minerais pesados não sejam inteiramente controlados pela mineralogia da rocha de origem. Outros processos, principalmente a meteorização, a hidrodinâmica e a diagénese, podem sobrepor-se ao sinal de proveniência original (Morton e Hallsworth, 1999). Estes efeitos podem ser contrariados através da análise de rácios ou índices de minerais estáveis com densidades semelhantes, uma vez que estes índices não são afectados por alterações nas condições hidráulicas durante a sedimentação ou pela diagénese (Morton e Hallsworth, 1994). Cinco amostras de arenitos da Formação Enagi foram submetidas a testes de minerais pesados. As lâminas preparadas foram examinadas petrograficamente para detetar minerais pesados não opacos e opacos. A identificação do tipo de mineral baseou-se em caraterísticas ópticas como a cor, o pleocroísmo, a absorção, o relevo, a extinção e a birrefringência; outras são o tamanho, a forma cristalina e o alongamento.

O índice *"ZTR"*, que é uma definição quantitativa do conjunto de minerais, foi calculado utilizando a percentagem dos grãos combinados de zircão, turmalina e rutilo para cada amostra de acordo com a fórmula abaixo. Esta fórmula é referida como o esquema de Hubert (1962).

Índice ZTR = Zircão + Turmalina + Rutilo

Número total de minerais não opacos

O índice calculado é expresso em percentagem para determinar a maturidade mineralógica do sedimento. Assim, *ZTR* <75% implica sedimentos imaturos a sub-maduros e *ZTR* >75% indica sedimentos mineralogicamente maduros.

Tabela 4.4. Análise de minerais pesados das amostras de arenito selecionadas da Formação Enagi (%)

Amostras	Zircão	Turmalina	Rutilo	Estourolite	Opaco	Índice ZTR
Kut 2A	10	3	7	20	60	29.76
Kut 2C	10	-	10	20	60	29.76
Kut 2D	5	2	3	25	65	17.26
Kut 2E	5	-	5	25	65	17.26
Kut 2J	5	-	-	40	55	5.95

O índice ZTR calculado a partir do resultado da análise de minerais pesados para as fácies de arenito selecionadas da Formação Enagi varia de 5,95% - 29,76%. Todos os arenitos apresentam um índice ZTR inferior a 50%. Os baixos índices ZTR sugerem que todas as amostras de arenito contêm sedimentos mineralogicamente imaturos.

O gráfico de pizza mostra a distribuição das percentagens de minerais pesados em todos os locais; a estaurolite tem a maior ocorrência em todas as amostras de arenito selecionadas, variando entre 15-40%, seguida do zircão 5-10% e do rutilo 3-10%. A ocorrência mais baixa de minerais pesados é a turmalina com 23%. A ocorrência do zircão e do rutilo sugere que os sedimentos são de origem ígnea, a estaurolite e a turmalina estão associadas a origem metamórfica, o que infere que os sedimentos de arenito na área estudada são de origem mista.

Tabela 4.5: Resistência à meteorização química de minerais pesados comuns não opacos, inferida utilizando métodos contrastantes.

Ordem de resistência à meteorização química.	Pettjohn (1941). Persistência ao longo do tempo geológico	Bateman e catt (1985). Persistência em areias de cobertura intemperizadas.
A maioria	Zircão	Zircão+rutilo+turmalina
	Turmalina	Staurolite
	Hornblenda	Cianite
	Granadas	Granadas
	Esfeno	epidotos
	Augite	Hornblenda+hipersténio
Menos	Hipersténio	Augite, olivina, apatite

Tabela 4.6. Distribuição dos minerais opacos e não opacos nos sedimentos estudados (%)

Amostras	Opaco	Não opaco
KUT 2A	60	40
KUT2C	60	40
KUT2D	65	35
KUT2E	65	35
KUT2J	55	45

Tabela 8. Mostra a ordem de meteorização química de minerais pesados (Pettjohn, 1941, Bateman e Catt, 1985). A ocorrência de estaurolite numa percentagem elevada (15-40%) confirma que os sedimentos de arenito expostos na área estudada foram expostos a um elevado nível de meteorização, quer a partir da rocha de origem, quer durante o transporte, o que é apoiado pelas ocorrências de zircão (5-10%), rutilo (3-10%) e turmalina (5-10%) nos sedimentos, o que também infere a maturidade composicional do arenito, tal como sugerido pela análise petrográfica. A elevada percentagem de ocorrência de mineral opaco em relação ao mineral não opaco (tabela 7) também justifica a maturidade composicional das fácies de arenito da Formação Enagi expostas na área estudada, conforme inferido a partir das fotomicrografias (Fig. 4.4 - 4.10).

A soma dos minerais opacos obtidos na distribuição da secção de lâmina é apresentada nas fig.4.13 e 4.15 A figura revela que as localizações KUT 2D e KUT 2E têm as ocorrências mais elevadas de cerca de 65% e a recuperação mais baixa de cerca de 55% em KUT 2J. O gráfico de barras de distribuição do índice ZTR mostra que todas as amostras de arenito selecionadas têm menos de 50% de ZTR, o que é sugestivo de sedimentos texturalmente imaturos.

KUT 2A
Series1, zircon, 10, 10%
Series1, tourmaline, 3, 3%
Series1, rutile, 7, 7%
Series1, stourolite, 20, 20%
Series1, opaque, 60, 60%

(a)

KUT 2C
Series1, Tourmaline, 0, 0%
Series1, Zircon, 10, 10%
Series1, Rutile, 10, 10%
Series1, Stourolite, 20, 20%
Series1, opaque , 60, 60%

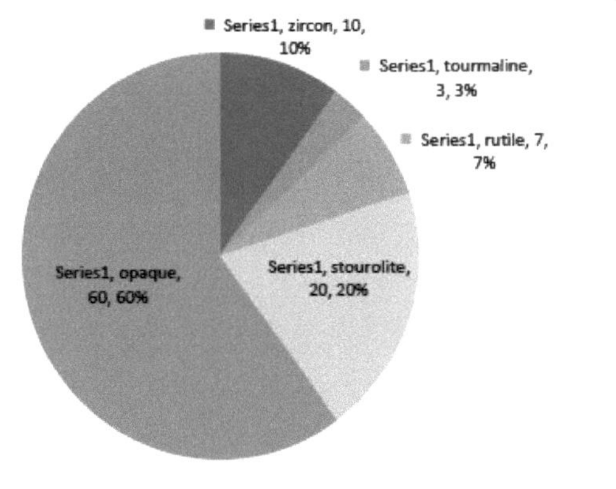

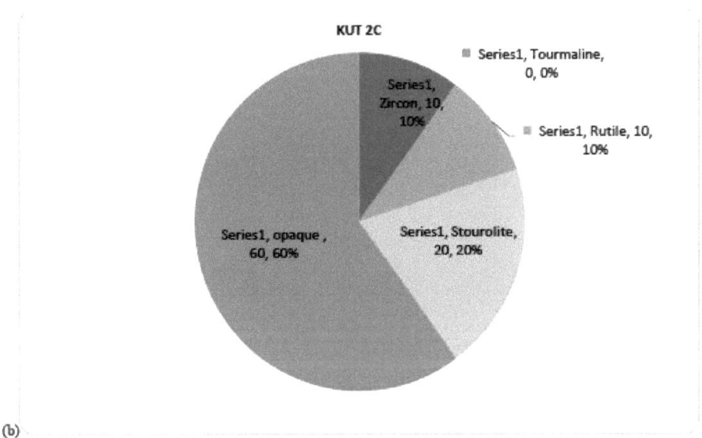

(b)

(c)

KUT 2E
Series1, zircon, 5, 5%
Series1, tourmaline, 0, 0%
Series1, rutile, 5, 6%
stourolite, 15, 17%
opaque , 65, 72%

(d)

KUT 2D
Series1, zircon, 5, 6%
Series1, tourmaline, 2, 2%
Series1, rutile, 3, 3%
Series1, stourolite, 15, 17%
Series1, opaque, 65, 72%

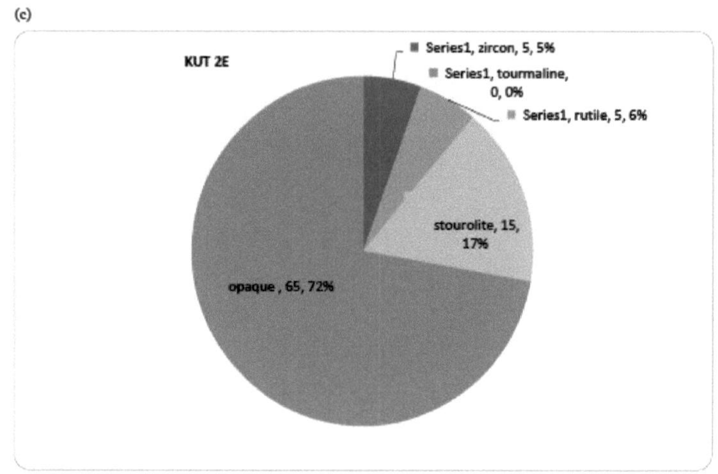

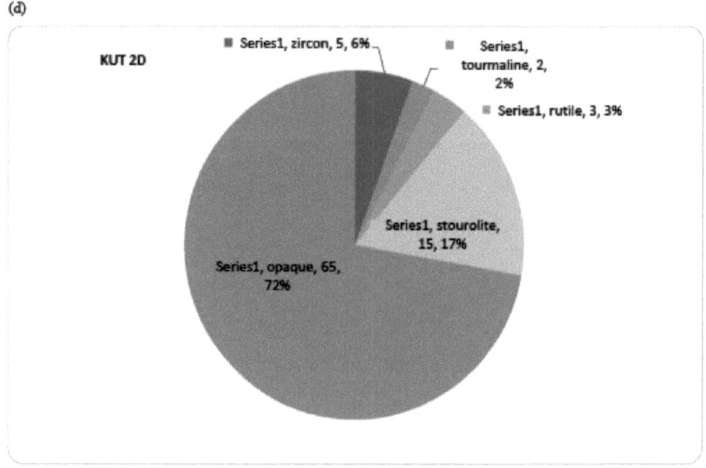

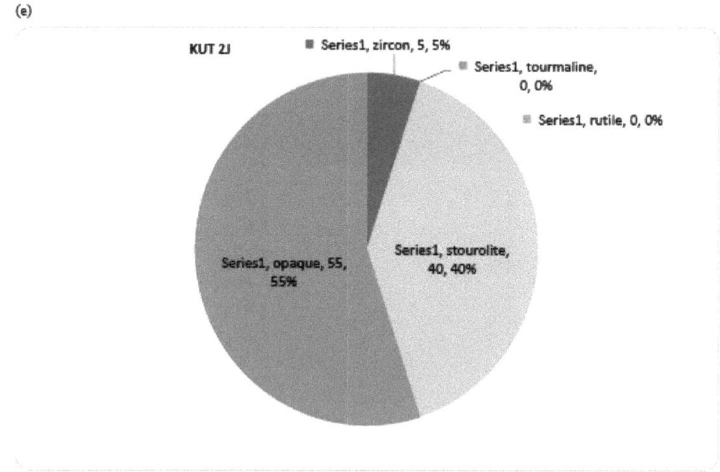

Figura 4.12 (a-e). Distribuição em gráfico circular dos minerais pesados da amostra estudada

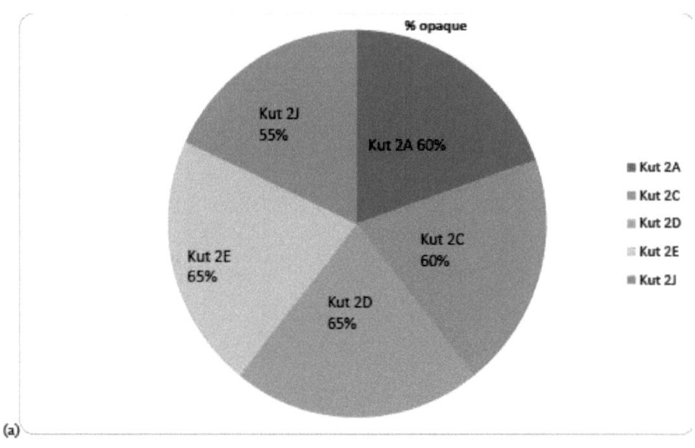

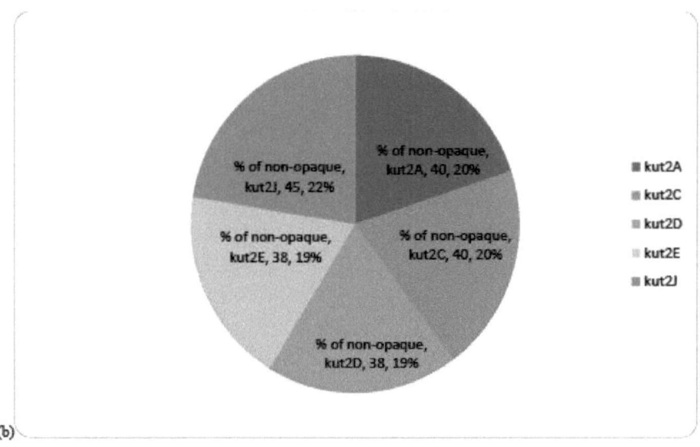

Fig. 4.13 (a & b). Gráfico de pizza dos minerais pesados opacos e não opacos dos sedimentos estudados

36

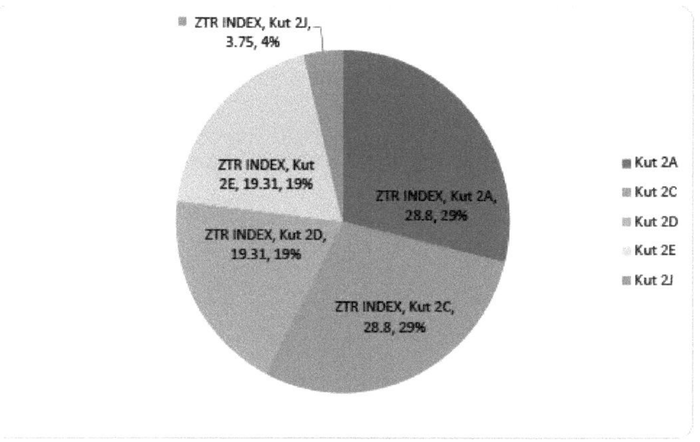

Fig. 4.14. Gráfico de pizza do índice ZTR (%) dos sedimentos estudados

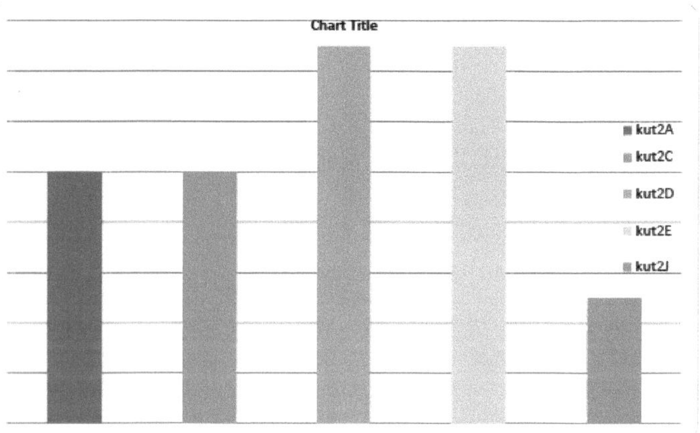

Fig. 4.15. Distribuição de frequências do gráfico de barras dos minerais opacos nos sedimentos estudados

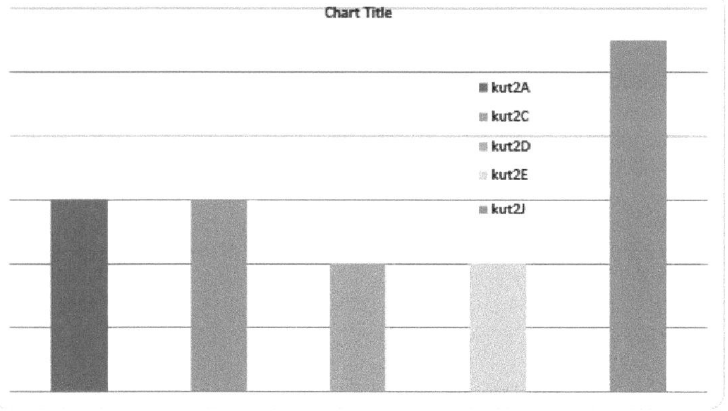

Fig. 4.16. Distribuição de frequências do gráfico de barras dos minerais não opacos nos sedimentos estudados

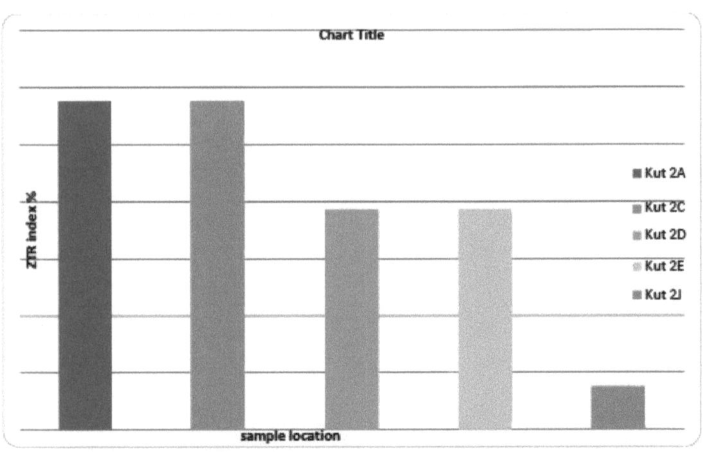

Fig. 4.17. Gráfico de barras do índice ZTR dos sedimentos estudados.

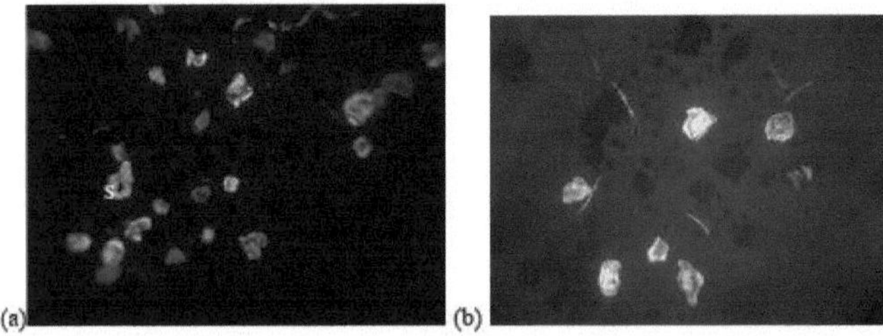

Fig. 4.18(a&b). fotomicrografias das lâminas de minerais pesados para KUT2A e KUT2J respetivamente, sob luz polar cruzada.

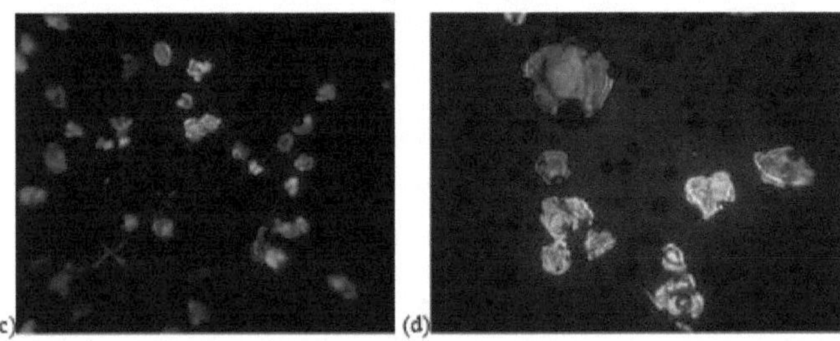

Fig. 4.19(c&d). fotomicrografias das lâminas de minerais pesados para KUT2D e KUT2E sob luz polar cruzada.

CAPÍTULO 5

CARACTERÍSTICAS GEOQUÍMICAS DO ARENITO

5.1 Declaração geral

A identificação do mineral é geralmente fácil com sedimentos de grão grosso, mas para sedimentos de grão fino, tais como arenitos de grão fino e médio, é por vezes difícil identificar todos os minerais por meios microscópicos comuns. Nestes casos, a análise química torna-se o método exato para classificar a rocha de acordo com o seu tipo litológico (Fakolade, 2012). Foram selecionadas cinco amostras para análise geoquímica.

A geoquímica das rochas sedimentares tem sido relacionada com a configuração tectónica das placas (Bhatia 1983; Roser e Korsch, 1986, 1988; Naqvi *et al*, 1988; McLennan *et al*, 1990; Banerjee e Bhattacharya, 1994) e, por conseguinte, fornece informações sobre a evolução tectónica do terreno.

5.2 Elemento principal

Os elementos maiores são os elementos que predominam na análise de uma rocha. As suas concentrações são expressas como uma percentagem em peso (wt %) do seu óxido. A química dos elementos principais dá pistas sobre o tipo de proveniência, bem como sobre as condições de meteorização que, por sua vez, são controladas pela configuração tectónica da bacia. A concentração dos elementos principais das amostras de arenito da Formação Enagi é apresentada na tabela 9.

A Tabela 9 mostra a ocorrência e a distribuição percentual dos principais elementos presentes em cada amostra de arenito através da análise geoquímica. O resultado revela que o teor de sílica (SiO_2) varia entre 74,98% e 90,93% com uma composição média de 87,19%, o teor de feldspato Al_2O_3 varia entre 4,15-10,10% com uma média de 5,95% A presença de Al_2O_3 também pode ser associada a minerais de aluminossilicato, incluindo feldspato, que estão presentes numa quantidade muito pequena

O teor de óxido de ferro Fe_2O_3 das amostras varia entre 1.03-7.56% com uma média de 2.85%, a composição de CaO dos sedimentos é muito baixa, variando entre 0.01-0.04% com uma média de 0.03%, o teor de K_2O é geralmente baixo em todas as amostras selecionadas com 0.04% exceto na KUT1A onde foi registado 0.09%, apresentando uma média de 0.05%, as amostras apresentam geralmente 0.009% de composição de Na_2O. Os valores de TiO_2 variam entre 0,23 - 1,35% com uma média de 0,56%. A elevada percentagem de composição de sílica (87,19%) nesta área de estudo indica que os sedimentos de arenito são dominados por grãos de quartzo. Esta é uma indicação da composição de arenito de quartzo, que é um atributo de rochas ígneas plutónicas ácidas. A elevada percentagem de Fe_2O_3 no KUT1B (7,50%) pode ser responsável pela sua coloração acastanhada que pode ser devida à presença e riqueza em minerais opacos ricos em ferro que incluem hematite, magnetite e limonite.

As fácies de arenito das secções estudadas mostram geralmente valores médios baixos; por exemplo CaO (%), $K_2O\%$, $MgO\%$, $Na_2O\%$, $P_2O_5\%$, e $TiO_2\%$. O baixo valor de K_2O pode indicar uma baixa quantidade de ilite ou K-feldspato presente (Akpokodje *et al*, 1991), enquanto que o CaO é sugestivo de um agente cimentante que uniu os grãos e a matriz, e a sua baixa ocorrência infere que o ambiente não é do tipo carbonatado. O óxido de titânio TiO_2 ocorre em quantidades vestigiais a raras, cuja fonte é aclamada principalmente com os minerais pesados, como o rutilo e a ilmenite, devido à sua associação com elementos raros. A baixa concentração de $MgO\%$ mostra pouca ocorrência de diagénese no ambiente, a baixa concentração de MnO & MgO pode provavelmente sugerir o ambiente continental durante a deposição dos sedimentos (Glasbs, 1997).

A concentração de cada elemento no conjunto analítico completo é influenciada pela distribuição dos minerais, que por sua vez reflecte alterações na variedade das condições geológicas tais como a proveniência dos sedimentos, as fácies, a meteorização sistémica, as condições redox da bacia e a diagénese.

Tabela 5.1: Composição dos óxidos principais das amostras de arenito da Formação Enagi

Óxidos	KUT 1B	KUT 2A	KUT 2D	KUT 2G	KUT 2K
SiO2	74.98	90.93	90.86	89.59	89.60
Al2O3	10.10	4.15	4.82	5.35	5.35
Fe2O3	7.56	2.01	1.03	2.06	1.58
CaO	0.03	0.03	0.01	0.02	0.04
MgO	0.06	0.02	0.01	0.03	0.04
Na2O	0.009	0.009	0.009	0.009	0.009
K2O	0.09	0.04	0.04	0.04	0.04
MnO	0.01	0.009	0.009	0.009	0.009
TiO2	1.35	0.37	0.23	0.35	0.51
P2O5	0.07	0.04	0.02	0.02	0.02
Cr2O3	0.016	0.0009	0.001	0.004	0.004
LOI	5.41	2.09	2.16	2.40	2.25
Total	99.66	99.66	99.14	99.84	99.41

Tabela 5.2: rácio de elementos principais para as amostras de arenito

Rácio	KUT 1B	KUT 2A	KUT 2D	KUT 2G	KUT 2K
SiO2/Al2O3	7.42	21.9	18.9	16.7	16.7
K2O/Na2O	10.0	4.4	4.4	4.4	4.4
K2O/Al2O3	0.01	0.01	0.01	0.01	0.01
Al2O3/TiO2	5.9	11.2	21.0	15.3	10.5
Fe2O3/K2O	84	50.25	25.75	57.5	39.5

Tabela 5.3: Média do rácio dos elementos principais em comparação com o PAAS.

Rácio	Média	PAAS
SiO2/Al2O3	16.32	3.32
K2O/Na2O	5.52	3.09
K2O/Al2O3	0.01	0.19
Al2O3/TiO2	12.78	19
Fe2O3/K2O	51.4	-

Tabela 5.4: Valores derivados para os valores CIA, PIA e CIW.

Amostra	CIA	PIA	CIW
KUT1B	98.7	99.6	99.6
KUT2A	98.29	99.1	97.12
KUT2D	97.18	99.6	97.9
KUT2G	97.27	99.8	99.4
KUT2K	98.36	99.4	99.1

Média	97.65	99.4	98.6

Tabela 5.5: Valores derivados para os valores discriminantes

Amostra	DF1	DF2
KUT1B	0.158	-7.38
KUT2A	-5.60	-6.80
KUT2D	-5.86	-6.52
KUT2G	-4.476	-3.60
KUT2K	-5.58	-3.756

5.3 Oligoelementos

As abundâncias de elementos vestigiais nos sedimentos têm sido utilizadas para fornecer pistas sobre as fontes e as alterações nos sedimentos resultantes de processos de meteorização e sedimentares (por exemplo, Taylor e McLennan, 1985; Last e Smol, 2001). São medidos em ppm (parte por milhão)

A Tabela 10 mostra a ocorrência e a distribuição percentual dos elementos vestigiais presentes em cada amostra de arenito analisada através da análise geoquímica. O resultado revela que o vanádio Va tem o teor mais elevado, variando entre 9-90ppm, (média-29,6ppm), os valores de crómio Cr variam entre 8-78,4ppm (média: - 25,84ppm). A ocorrência de Tório Th nas amostras de arenito varia entre 3,6-12,3ppm, (média: - 7,52ppm). O valor de Zr varia entre 3,518,9ppm, (média: - 7,8ppm). Bário Ba varia entre 5,5-18,2ppm, (média-11,06ppm). O Zinco Zn varia entre 2,9-14,3ppm, (média: - 5,92ppm). A abundância de Níquel Ni varia entre 2,9-5,0ppm, (média: - 3,98ppm).

As fácies de arenito da Formação Enagi mostram geralmente um baixo enriquecimento na abundância de elementos vestigiais, a falta de enriquecimento em elementos litogénicos nos sedimentos indica uma elevada intensidade de meteorização em condições húmidas (Jin *et al.,* 2003).

Os elementos de alta intensidade de campo (HFSE), tais como Zr, Nb, Hf e Th, são preferencialmente particulados em fundidos durante a cristalização (Feng e Kerrich, 1990) e, como resultado, estes elementos são enriquecidos em fontes félsicas em vez de máficas. Pensa-se que estes elementos reflectem composições de proveniência como consequência do seu comportamento geralmente imóvel (Taylor e Mclennan, 1985). Os oligoelementos ferromagnesianos Cr, Ni, Co e V apresentam um comportamento geralmente semelhante nos processos magmáticos, mas podem ser fraccionados durante a meteorização (Feng e Kerrich, 1990). Nas amostras estudadas, o Cr e o Ni são baixos em relação à composição média da crosta continental superior (CCS). Esta falta de enriquecimento de Cr e Ni pode sugerir alguma entrada félsica do terreno de origem. Os baixos valores de Cr (<50ppm) e Ni (<10ppm) e o rácio médio de Cr/Ni de 6,49, são diagnósticos de rochas félsicas e intermédias na região de origem (Garver *et al*, 1996). Além disso, o enriquecimento de Co, que tem um valor médio de 1,64 para as amostras de arenito selecionadas, é muito inferior à média da Crosta Continental Superior (CCU) (10,00), o que confirma uma entrada máfica muito reduzida da área de origem (Taylor e McLennan, 1985). Por conseguinte, pode concluir-se que os sedimentos são provenientes de ambientes mistos de origem félsica e de uma origem ígnea e metamórfica intermédia, o que também confirma a inferência da análise de minerais pesados.

Tabela 5.6: Distribuição de oligoelementos de amostras de Ironstone, xistos ferruginosos e arenitos ferruginosos da Formação Enagi.

Elementos	KUT 1B	KUT 2A	KUT 2D	KUT 2G	KUT 2K

Ba	15.2	18.2	5.5	7.0	9.4
Co	1.7	2.0	1.5	1.8	1.2
Hf	0.42	0.13	0.09	0.16	0.16
Nb	0.12	0.15	0.08	0.10	0.05
Rb	2.8	1.3	1.3	1.1	1.2
Sr	4.1	2.2	1.1	1.4	2.3
O	12.3	7.5	3.6	6.2	8.0
U	1.66	1.14	0.92	0.94	0.87
V	90	15	9	18	16
Zr	18.9	5.5	3.5	5.9	5.2
Cu	11.55	3.32	2.64	4.23	3.44
Pb	9.82	3.34	1.87	3.29	3.52
Zn	14.3	5.1	2.2	5.1	2.9
Ni	5.0	4.4	4.1	3.5	2.9
Sc	4.9	2.0	1.4	2.4	2.3
Ga	7.2	1.8	1.8	2.8	2.3
Cs	0.45	0.10	0.08	0.11	0.13
Cr	78.4	13.2	8.0	14.4	15.2
Ta	0.04	0.04	0.04	0.04	0.04
Sn	0.9	0.5	0.4	0.5	0.4

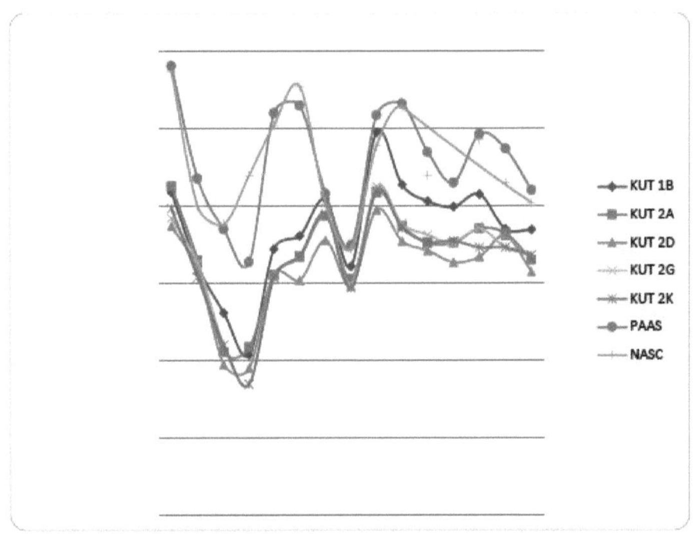

Fig. 5.1 Normalização de elementos vestigiais para as amostras de arenitos estudadas comparada com a normalização para U.C.C (Taylor e McLennan, 1981) e P.A.A.S (McLennan, 1989).

5.4 Elementos de terras raras (REE)

A abundância de REE e o padrão de distribuição dos seus dados analíticos são úteis para compreender a petrogénese de diferentes tipos de arenitos (Bhatia, 1985; Bhatia e Crook, 1986; McLennan, 1989; Condie, 1991; McLennan e Taylor, 1991). Os REE estão entre o grupo de elementos mais importante em termos de indicador de proveniência. A concentração de muitos elementos nas rochas sedimentares das plataformas continentais de todo o mundo é semelhante, em resultado da mistura através de ciclos repetidos de erosão. Esta média sedimentar é frequentemente utilizada como valor normalizador para as concentrações de REE em rochas sedimentares. A composição utilizada neste estudo é a da média das rochas sedimentares australianas pós-Arqueano (McLennan, 1989) e a da média da crosta continental superior (Taylor e McLennan, 1981). O padrão normalizado de REE para as amostras estudadas é muito baixo em comparação com os padrões normalizados da crosta continental superior (Taylor e McLennan, 1981) e das rochas sedimentares australianas médias pós-Arqueano (McLennan, 1989).

A tabela 11 mostra a distribuição de REEs nas amostras de arenito selecionadas da Formação Enagi.

Tabela 5.7: Composição de elementos de terras raras (REE) em fácies de arenito da Formação Enagi.

Elementos	KUT 1B	KUT 2A	KUT 2D	KUT 2G	KUT 2K
Y	5.99	4.38	0.95	2.16	4.17
La	21.0	18.7	4.7	7.9	14.6
Ce	43.1	58.6	19.1	33.2	28.2
Pr	4.50	3.09	0.73	1.50	3.02
Nd	17.19	12.98	3.06	6.09	11.89
Sm	2.94	1.85	0.50	0.96	2.31
Eu	0.57	0.28	0.05	0.14	0.30
Gd	1.87	1.01	0.27	0.62	1.28
Tb	0.21	0.13	0.04	0.06	0.14
Dy	1.44	0.77	0.17	0.48	0.94
Ho	0.24	0.12	0.01	0.05	0.13
Er	0.66	0.35	0.06	0.22	0.32
Tm	0.07	0.04	0.01	0.02	0.04
Yb	0.64	0.34	0.07	0.18	0.37
Lu	0.08	0.02	0.01	0.01	0.04

Tabela 5.8: Rácios de elementos selecionados nas fácies de arenitos da Formação Enagi.

Rácio	KUT 1B	KUT 2A	KUT 2D	KUT 2G	KUT 2K	Média	PAAS
SiO_2/Al_2O_3	7.42	21.9	18.9	16.7	16.7	16.32	3.32
K_2O/Na_2O	10.0	4.4	4.4	4.4	4.4	5.52	3.09
K_2O/Al_2O_3	0.01	0.01	0.01	0.01	0.01	0.01	0.19
Al_2O_3/TiO_2	5.9	11.2	21.0	15.3	10.5	12.78	19
Fe_2O_3/K_2O	84	50.25	25.75	57.5	39.5	51.4	
La/Sc	4.3	9.35	3.4	3.3	6.3	5.33	2.4
Zr/TiO_2	14.0	14.9	15.2	16.9	10.2	-	-
La/V	0.23	1.25	0.52	0.44	0.91	-	-
Th/Sc	2.51	3.75	2.57	2.58	3.48	2.98	0.90
La/Th	1.71	2.49	1.31	1.27	1.83	1.72	2.6
Zr/Hf	45	42.3	38.9	36.9	32.5	39.12	42
Sr/Ba	0.27	1.21	0.2	0.2	0.24	0.424	0.31
Rb/Sr	0.46	0.59	1.18	0.79	0.52	0.71	0.8

Th/Co	7.24	3.75	2.4	3.44	6.67	4.7	0.63
Th/U	7.4	6.58	3.91	6.60	9.20	6.74	4.71
U/Th	0.13	0.15	0.26	0.15	0.11	0.16	0.21
Ni/Co	2.94	2.2	2.73	1.94	2.42	2.45	2.39
CIA	98.7	98.13	98.79	98.72	97.65	98.40	-

5.5 Configurações de proveniência e tectónica

A composição geoquímica das rochas sedimentares terrígenas é uma função da complexa interação de diversas variáveis, como a proveniência, a meteorização, o transporte e a diagénese. Ao contrário de muitas rochas ígneas, é difícil encontrar uma relação simples entre a mineralogia dos arenitos e a sua composição química. Por esta razão, a classificação geoquímica dos arenitos não imita a classificação mineralógica convencional dos arenitos baseada em fragmentos de quartzo-feldspato-lítico; em vez disso, diferencia entre sedimentos maduros e imaturos. No entanto, pode ser utilizada em parte para determinar o grau de alteração do material de origem (Nesbitt & Young, 1982; Fedo *et al*, 1995; Von Eynatten *et al*, 2003). É também uma ferramenta útil quando se contemplam certas tendências na composição geral das rochas e para decifrar o perfil de meteorização das rochas (Boles & Franks, 1979; Nesbitt & Young, 1982; Nesbitt *et al*, 1996).

A observação do resultado do elemento principal das amostras analisadas indicou que as fácies de arenitos são extremamente ricas em SiO_2 (sílica), variando de 74,98% a 90,93%, a composição média de SiO_2 é 87,19%, que é superior à média de 66% em peso para a crosta continental superior (UCC) por (Taylor & McLennan, 1985). Este facto pode inferir a maturidade mineralógica das fácies de arenito da Formação Enagi.

O teor médio de Al_2O_3 na amostra de arenito é geralmente baixo (cerca de 5,95%), variando entre 4,15 e 10,1%, o que pode dever-se a um elevado nível de meteorização. Os valores muito baixos de K_2O/Al_2O_3 (0,01-0,07) sugerem provavelmente reciclagem sedimentar ou aumento do grau de meteorização na área de origem (Bauluz *et al*, 2000). Este facto pode ser apoiado pelos baixos valores de Fe_2O_3 (ver Tabela 7), que é uma indicação de meteorização e alteração (Akarish & El Gohary, 2008).

Bhatia, (1983), sugeriu que um arenito do tipo margem passiva é geralmente enriquecido em SiO_2 (87,19%) e empobrecido em Na_2O (0,009%), CaO (0,03%) e TiO_2 (0,56%), sugerindo que eles são altamente reciclados e maduros. Ao interpretar a análise dos elementos principais das amostras de arenito estudadas, esta afirmação de Bhatia, (1983) foi confirmada, uma vez que as amostras também eram enriquecidas em SiO_2 mas empobrecidas em Na_2O, CaO e TiO_2, respetivamente, confirmando um sedimento de arenito do tipo margem ativa para as fácies de arenito selecionadas da Formação Enagi.(Fig. 5.3)

As razões Al_2O_3/TiO_2 da maioria das rochas clásticas são essencialmente utilizadas para inferir as composições das rochas de origem, a razão Al_2O_3/TiO_2 aumenta de 3 a 8 para rochas ígneas máficas, de 8 a 21 para rochas intermédias, e de 21 a 70 para rochas ígneas félsicas (Hayashi *et al*, 1997). Na fácies de arenito Enagi, a razão Al_2O_3/TiO_2 varia entre 5,9 e 15,3 (tabela 5). Assim, sugerindo que uma rocha intermediária foi provavelmente a fonte de rochas para o arenito da Formação Enagi.

A abundância relativa de Cr e Ni em rochas sedimentares é geralmente considerada como um indicador útil em estudos de proveniência. As concentrações de crómio e Ni são baixas nas amostras estudadas. Segundo Wrafter e Graham (1989), uma baixa concentração de Cr indica uma proveniência félsica, e teores elevados de Cr e Ni são encontrados principalmente em sedimentos derivados de rochas ultramáficas (Armstrong-Altrin *et al.,* 2004). Os teores de Cr (25,84) e Ni (3,98) nestes arenitos em comparação com (PAAS; 0, 55 respetivamente) são baixos, sugerindo assim uma proveniência félsica (Fig. 5.2).

Rácios como La/Sc, Th/Sc e Cr/Th são significativamente diferentes em rochas félsicas e básicas e podem levar a restrições na composição média da proveniência (Wronkiewicz e Condie, 1990; Cox *et al.*, 1995; Cullers, 1995). Os rácios Cr/Th, Th/Sc e La/Sc para amostras selecionadas de arenitos deste estudo foram comparados com os de sedimentos derivados de rochas félsicas e básicas (fração fina) da crusta continental superior (UCC) e com os valores médios de arenitos do Proterozoico (Tabela 11). Estas comparações também indicaram que tais rácios estavam dentro da gama de rochas de origem félsica (Fig. 5.2).

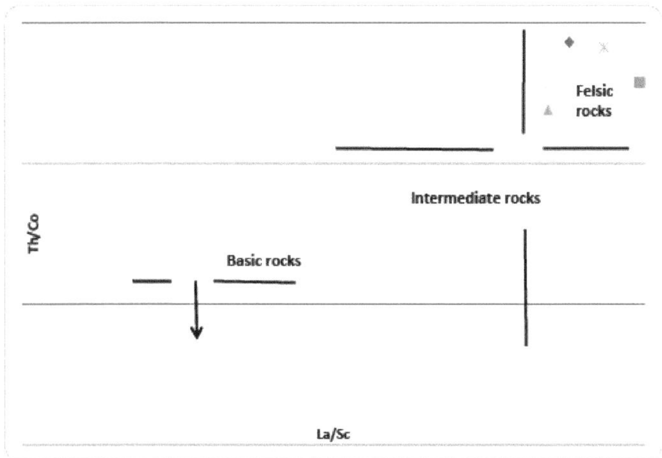

Fig. 5.2: Th/Co *vs* La/Sc para as amostras de arenito da Formação Enagi (segundo Cullers, 2002).

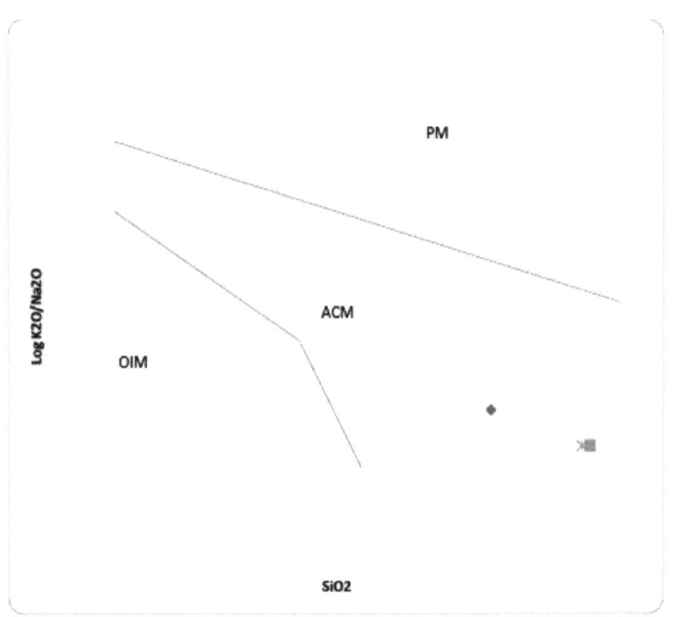

Fig. 5.3: Diagrama de Discriminação Tectónica para sedimentos de arenito da Formação Enagi (segundo Roser e Korsch, 1986).

Tabela 5.9: Gama de rácios elementares para as fácies de arenito da Formação Enagi neste estudo em comparação com os rácios em fracções semelhantes derivadas de rochas félsicas, rochas máficas, crosta continental superior e xisto australiano pós-arqueano

Elemento Rácio	KUT1B	KUT2A	KUT2D	KUT2G	KUT2K	Média	Gama de sedimentos		UCC	PAAS
							Felsic	Máfico		
Th/Sc	2.51	3.75	2.57	2.58	3.48	2.98	0.84-20.5	0.05-0.22	0.79	0.9
Th/Co	7.24	3.75	2.4	3.44	6.67	4.7	0.67-19.4	0.04-1.00	0.63	0.63
La/Sc	4.3	9.35	3.4	3.3	6.3	5.33	2.5-16.3	0.43-0.86	2.21	2.4

Este estudo; Cullers (1994, 2000); Cullers e Podkovyrov (2000); Cullers *et al.* (1988); Taylor e McLennan (1985)

5.6 Classificação dos sedimentos

O gráfico padrão de Herron (1988) usando log (Fe2O3/K2O) contra log (SiO2/Al2O3) que é uma versão modificada de Pettijohn *et al*, (1972) foi utilizado para classificar os sedimentos da Formação Bida. As amostras de arenito da Formação Bida foram classificadas como areias de Fe. Isto, no entanto, apoia a inferência da análise petrográfica como observado nas fotomicrografias (Fig. 4.4 - 4.10), onde o óxido de ferro actua como o cimento no mineral que está incorporado, impedindo assim o seu crescimento excessivo.

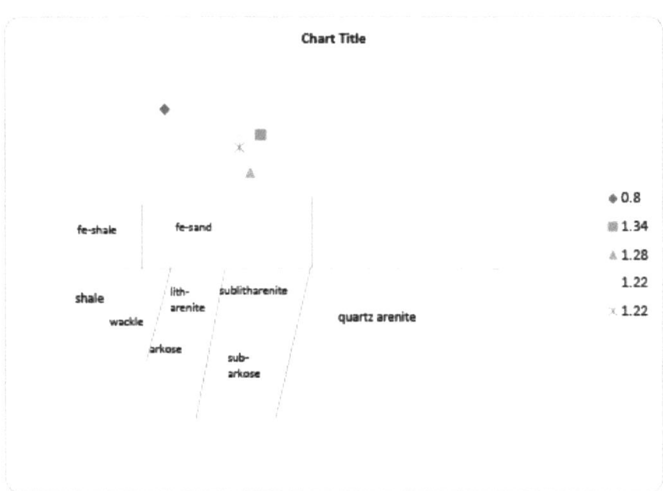

Fig. 5.4: Classificação das fácies de arenito da Formação Enagi (segundo Herron, 1988).

5.7 Ambiente Deposicional e Assinaturas de Proveniência

Foram propostas várias classificações para discriminar vários contextos tectónicos (Maynard *et al*, 1982; Bhatia, 1983; Bhatia e Crook, 1986; Roser e Korsch, 1986). O estudo da assinatura de proveniência empregue neste estudo ajuda a distinguir as fontes dos sedimentos em quatro zonas de proveniência: máfica, intermédia ou félsica, ígnea e sedimentar quartzosa. Este diagrama de função discriminante proposto por Roser e Korsch (1986) utiliza os óxidos de Ti, Al, Fe, Mg, Ca, Na e K para diferenciar efetivamente os sedimentos em quatro zonas de proveniência.

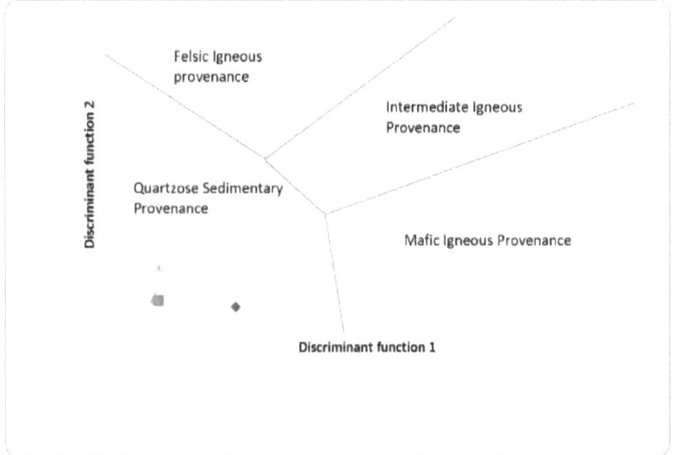

Fig.5.5: Diagrama de função discriminante para a assinatura de proveniência para fácies de arenito da Formação Enagi utilizando o gráfico de rácio (segundo Roser e Korch 1988). Índices de Paleoclimatologia e Maturidade

O Índice Químico de Alteração (CIA) e o Índice de Alteração do Plagioclásio (PIA) são os índices mais utilizados para estimar quantitativamente o grau de meteorização química sofrido pelas rochas da área de proveniência dos sedimentos clásticos (Fedo *et al*, 1995), o que dá uma indicação do grau de meteorização na região de origem (Nesbitt e Young, 1982). Outros índices também utilizados são o Índice Químico de Intemperismo (CIW) (Harnois, 1988) e o Rácio de Ruxton (RR).

A CIA=100[Al2O3/ (Al2O3+CaO+Na2O+K2O)]

O PIA=100[(Al2O3-K2O) / (Al2O3+CaO+Na2O-K2O]

O CIW=100[Al2O3/ (Al2O3+CaO+Na2O)]

O RR= Si02/Al203

CIA, PIA e CIW para ARG têm medianas de (97.65, 99.5 e 98.6) % respetivamente, indicando intensa meteorização quer na fonte quer durante o transporte ou antes da deposição (McLennan, 1993; Fedo *et al*, 1995). A partir dos elevados índices de alteração, pode inferir-se que os sedimentos são geoquímica e texturalmente maduros.

A relação entre o rácio Th/U e a concentração de Th pode ser aplicada como uma estimativa do grau de meteorização em rochas sedimentares. Tanto o Th como o U são relativamente imóveis durante a meteorização, embora o U possa mudar o seu estado redox de U2+ para U6+, (sendo este último mais solúvel) durante o retrabalho em condições oxidantes, como é o caso, sendo assim mais facilmente removido do sistema, aumentando assim a razão Th/U acima dos valores ígneos da crosta superior. A relação Th/U na maioria das rochas continentais superiores situa-se tipicamente entre 3,5 e 4,0 (McLennan *et al*, 1993). Nas rochas sedimentares, valores Th/U superiores a 4,0 podem indicar intensa meteorização nas áreas de origem ou reciclagem sedimentar das fácies de arenito com rácios Th/U de 3,91-9.20com um valor médio de 6,74, que é superior ao valor Th/U para as rochas continentais superiores, que se situa tipicamente entre 3,5-4,0 (McLennan *et al*, 1993), o que indica um elevado nível de meteorização intensa a partir da área de origem ou reciclagem de sedimentos. Os sedimentos com rácios Th/U elevados são observados em rochas de origem sedimentar recicladas (McLennan *et al*, 1993) e isto também se reflecte nos sedimentos porque praticamente todos os sedimentos têm rácios Th/U elevados. A partir disto, também se pode verificar que as fácies de arenito da Formação Enagi são de margens continentais activas (Fig. 5.3).

Além disso, um gráfico bivariante de SiO2 contra o total (Al2O3+K2O+Na2O) proposto por Suttner e Dutta, 1986 (Fig. 5.6 e Fig. 5.7) foi utilizado para identificar a maturidade dos arenitos da formação Enagi em função do clima. O gráfico revelou condições semi-húmidas para os arenitos (Fig. 5.6).

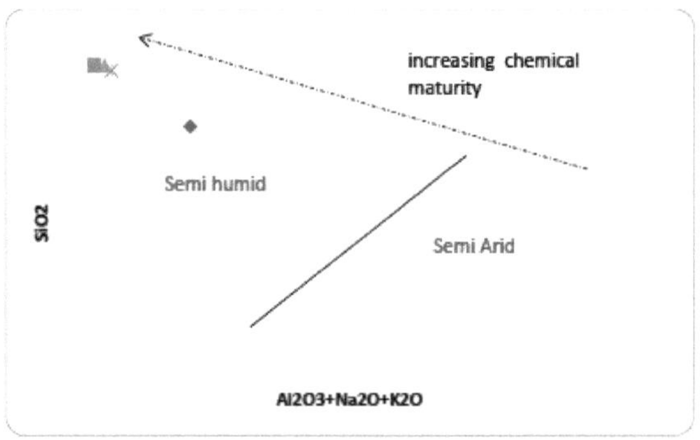

Fig. 5.6: SiO2 versus (Al2O3+K2O+Na2O) para as fácies de arenito dos sedimentos da Formação Enagi mostrando a tendência de maturidade (segundo Suttner e Dutta, 1986).

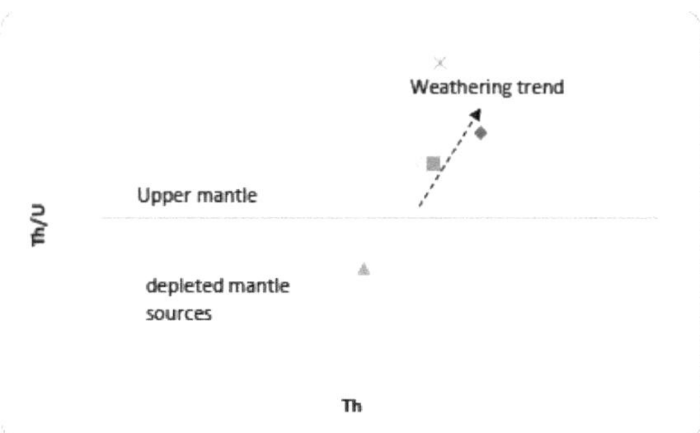

Fig. 5.7: Gráfico de Th/U vs Th para as fácies de arenito da Formação Enagi (segundo McLennan et al., 1993).

Os valores muito baixos de K2O/Al2O3 (0,01-0,01) sugerem provavelmente uma reciclagem sedimentar ou um aumento do grau de meteorização na área de origem (Bauluz *et al*, 2000). Este facto pode ser apoiado pela diminuição do valor de Al2O3 e Fe2O3 (ver Tabela 7), que é uma indicação de meteorização e alteração (Akarish & El Gohary, 2008).

O valor relativamente elevado dos rácios médios K2O/Na2O (Tabela 10) é atribuído à presença de plagioclase albítica, K-feldspato, mica e ilite (Pettijonh *et al*, 1963; McLennan *et al*, 1983; Nath *et al*, 2000; Osae *et al*, 2006).

O rácio médio elevado de SiO2/Al2O3 para os arenitos (16,3) é uma indicação do perfil de meteorização e da média elevada para o arenito, porque a maior parte do conteúdo de feldspato foi desgastado. A razão SiO2 /Al2O3 é uma ferramenta sensível à reciclagem de sedimentos e ao processo de intemperismo e é usada aqui como um sinal para a maturidade do sedimento. A razão SiO2 /Al2O3 das fácies de arenito na formação Enagi tem uma média de 16,32% comparada com a PAAS (3,32%). Roser & Korsch, (1986) afirmaram que a razão destes elementos aumenta à medida que a maturidade dos sedimentos aumenta. O rácio K2O/Na2O das fácies de arenito é relativamente elevado, com uma média de 5,52% em comparação com o padrão PAAS (3,09%) e confirma os teores mais elevados de feldspato nos ambientes, apoiando assim a imaturidade composicional do ambiente e a deposição de sedimentos perto da fonte.

Os rácios de Zr/TiO2 e La/V são também alguns indicadores do índice de maturidade da composição. Uma vez que alguns minerais máficos, como o piroxénio, o anfibólio e alguns minerais opacos que são relativamente enriquecidos em Ti e V, são susceptíveis de serem destruídos durante o ciclo sedimentar, enquanto outros, como a apatite, a monazite e o zircão, que são enriquecidos em Zr e La, são mais resistentes (Zhang, 2004). E ambos os rácios tendem a aumentar à medida que a maturidade dos sedimentos aumenta. A partir da (tabela 10), a razão Zr/TiO2 das fácies de arenito está a aumentar relativamente para cima na secção (10,2ppm-16,86ppm) com uma média de 14,232ppm, confirmando assim que os arenitos de Enagi

A formação é imatura em termos de composição.

CAPÍTULO 6

CONCLUSÕES

As amostras de arenito estudadas ocorrem geralmente na base das secções no local estudado da Formação Enagi. Elas foram depositadas em ambiente fluvial; esta interpretação é baseada nos gráficos de dispersão de Friedman (1961, 1967 e 1979) e na ocorrência de estrutura planar e na ausência de tocas nos leitos.

Os arenitos da Formação Enagi são texturalmente imaturos e composicionalmente maduros com base na má classificação, grau ou arredondamento dos minerais e na ocorrência de abundantes minerais de quartzo. A maturidade composicional do arenito da Formação Enagi é, no entanto, apoiada pela abundância de SiO_2 e baixa ocorrência de K_2O e Na_2O. Além disso, a ocorrência de uma elevada percentagem de quartzo nos estudos petrográficos apoia a maturidade composicional das fácies de arenitos da Formação Enagi.

A análise petrográfica também mostra que alguns dos cristais de quartzo têm inclusões minerais, inferindo que os arenitos são de origem mista de fontes ígneas e metamórficas. Isto é, no entanto, apoiado pela ocorrência de zircão, turmalina, rutilo e estaurolite, que também infere uma origem mista de fontes ígneas e metamórficas.

A maioria dos arenitos da Formação Enagi geralmente tem valores mais altos de SiO_2 e mais baixos de Al_2O_3. Assim, os arenitos com elevados teores de quartzo são susceptíveis de ter uma maior qualidade potencial de reservatório.

REFERÊNCIAS

Adeleye, D.R. (1971): Stratigraphy and sedimentation of the Upper Cretaceous strata around Bida, Nigeria. Tese de doutoramento não publicada, Universidade de Ibadan, Ibadan, Nigéria, 297p.

Adeleye, D.R., Dessauvagie, T.F.J. (1972): Stratigraphy of the Mid-Niger embayment, near Bida, Nigeria. In: Dessauvagie, T.F.J., Whiteman, A.J. (Eds.), African Geology. Imprensa da Universidade de Ibadan, pp. 181-186.

Adeleye, D.R., (1974): Sedimentologia dos arenitos fluviais de Bida (Cretáceo), Nigéria. Sediment Geol 12:1-24.

Apurba B. e Banerjee, D.M. (2010) : J. Earth Syst. Sci. 119, No. 6, pp. 825-839.

Braide, S.P., (1992): Geologic development, origin and energy mineral resource potential of the Lokoja formation in the Southern Bida Basin. J Mining Geol 28:33-44.

Bakkiaraj, D., Nagendra, R., Nagarajan, R., e John, S. (2010): Geochemistry of Sandstones from the Upper Cretaceous Sillakkudi Formation, Cauvery Basin, Southern India:Implication for Provenance. journal geological society of india. Vol.76, pp.453-467.

Chris, A., Modupe, M., David, A., Jacob, K., Daniel, A., Daniel, B. (2013): Geoquímica e proveniência de arenitos de Anyaboni e áreas circundantes na bacia de Voltaian, Gana. Revista Internacional de Investigação em Geologia e Minas. Vol. 3(6) pp. 206-212.

Fakolade, O. R, Obasi, R. A (2012): A avaliação geoquímica da planície costeira sub-superficial
Depósitos Clásticos de Dahomey Oriental, Bacia em torno da Área de Lagos, Sudoeste, Nigéria. Jornal de Ciência e Tecnologia Volume 1 No. 6.

Giovanni, M., Salvatore, C., Francesco, P., Maurizio, S., e Vincenzo, P. (2006): Sedimentary recycling, provenance and paleoweathering from chemistry and mineralogy of Mesozoic continental redbed mudrocks, Peloritani mountains, southern Italy. Geochemical Journal, Vol. 40, pp. 197 a 209.

Hilmar, V.E., Carles, B.V., & Vera, P.G. (2003): Composição e discriminação de arenitos: Uma avaliação estatística de diferentes métodos analíticos. Journal of sedimentary research, Vol. 73, NO. 1, P. 47-57.

Hubert, A. (1971), Provenance of some common heavy minerals. p. 462.

Ibrahim, M.G., Harue, M. e Wataru, M. (2003): Mineralogical and chemical characteristics of Bajocian-Bathonian shales, Al-Maghara, North Sinai, Egypt: Significado climático e ambiental. Geochemical Journal, Vol. 37, pp. 87 a 108.

Ikhane, P.R., Akintola, A.I., Bankole, S.I., Oyebolu, O.O. e Ogunlana, E.O. (2013): Análise granulométrica e estudos de minerais pesados das fácies de arenito expostas perto de Igbile, sudoeste da Nigéria. Revista Internacional de Investigação em Geologia e Minas (IRJGM) (2276-6618) Vol. 3(4) pp. 158-178.

Ikoro, D.O., Okereke, C.N., Agumanu, A.E., Isreal, H.O., Ekeocha, N.E (2012): geoquímica das rochas de calc-silicato de igarra, sudoeste da nigéria. Revista Internacional de Tendências Emergentes em Engenharia e Desenvolvimento ISSN 2249-6149 Edição 2, Vol.2.

Ikhane, P. R., Akintola, A. I., Bankole, S. I. & Oyinboade, Y. T. (2014): Estudos de proveniência de fácies de arenito expostas perto de Igbile Sudoeste da Nigéria; Abordagem petrográfica e geoquímica. Jornal de Geografia e Geologia; Vol. 6, No. 2.

Kogbe, C.A., Ajakaiye, D.E., Matheis, G. (1983): Confirmação da estrutura de rift ao longo do Vale do Médio Níger, Nigéria. J Afr Earth Sci 1:127-131.

Kogbe, C.A. (1989): Geology of Nigeria, 2ª Edição. RockviewNige Ltd, Jos, 538pp.

Mahdi, J. e Mahboobeh, H. (2008): Petrografia e geoquímica do arenito Ahwaz Membro da Formação Asmari, Zagros, Irão: implicações sobre a proveniência e a configuração tectónica. Revista Mexicana de Ciências Geológicas, v. 25, núm. 2, p. 247260.

Maria, A.M, David, T.W.: Minerais pesados em uso. Desenvolvimentos em Sedimentologia, 58.

Michel, D.: Minerals under the Petrographic Microscope. Centro de Geociências, École des Mines, Paris, França.

Obaje, N.G., Wehner, H., Scheeder, G., Abubakar, M.B., Jauro, A. (2004): Prospectividade de hidrocarbonetos nas bacias interiores da Nigéria: Do ponto de vista da geoquímica orgânica e da petrologia orgânica. AAPG Bull. 88(3), 325-353.

Obaje, N.G. (2009): Geology and Mineral Resources of Nigeria, Lecture Notes in Earth Ciências, C _ Springer-Verlag Berlin Heidelberg. 120, DOI 10.1007/978-3-54092685-6 8.

Obiefuna, G.I e Orazulike, D.M (2011): Composição Geoquímica e Mineralógica de Bima Depósito de arenito, área de Yola, nordeste da Nigéria Research Journal of Environmental and Earth Sciences 3(2): 95-102.

Ojo, S.B., Ajakaiye, D.E. (1989): Interpretação preliminar de medições de gravidade na Bacia do Médio Níger, Nigéria. In: Kogbe, C.A. (Ed.), Geology of Nigeria, segunda edição. Elizabethan Publishing Company, Lagos, pp. 347-358.

Ojo, O.J., Akande, S.O. (2003): Relações entre fácies e ambientes deposicionais da Formação Lokoja do Cretáceo Superior na Bacia de Bida, Nigéria. Journal of Mining and Geology 39, 39-48.

Ojo, O.J., Akande, S.O. (2006): Estudos sedimentológicos e palinológicos da Formação Patti, Sudeste da Bacia de Bida, Nigéria: Implication for paleoenvironment and Paleogeography, Boletim da Associação Nigeriana de Exploradores de Petróleo 19 (2006), pp. 61-77.

Ojo, O.J., Akande, S.O. (2008): Microfloral assemblage and palaeoenvironment of the Upper Cretaceous Patti Formation, southeastern Bida Basin, Nigeria. Jornal de Minas e Geologia 44, 71-81.

Ojo, O.J., Akande, S.O. (2009): Sedimentology and depositional environments of the Maastrichtian Patti Formation, southeastern Bida Basin, Nigeria. Cretaceous Research 30, 1415-1425.

Ojo, O.J. (2012): Relações de Fácies Sedimentares e Ambientes Deposicionais da Formação Enagi Maastrichtian, Bacia de Bida do Norte, Nigéria Jornal de Geografia e Geologia Vol. 4, No. 1.

Ojo, O.J. (2012): Ambientes Deposicionais e Caraterísticas Petrográficas da Formação Bida em torno de Share-Pategi, Bacia de Bida do Norte, Nigéria. Jornal de Geografia e Geologia Vol. 4, No. 1.

Omabehere, I.E., Abiodun, A.I. e Edwin, O.A. (2013): Padrão de variabilidade geoquímica e sedimentológica do arenito Bima superior de Albian a Cenomanian, Benue Trough, Nigéria: Implicações na proveniência tectónica e na meteorização da área de origem. Jornal de Meio Ambiente e Ciências da Terra, Vol.3, No.14.

Ratcliffe, K.T., Ritcey, D.H. & Evenchick, C.A.: Whole-rock geochemistry and heavy mineral analysis as petroleum exploration tools in the Bowser and Sustut basins, British Columbia, Canada.

Roohi, I. e Ahmad, A. (2013): Petrografia e geoquímica de elementos principais dos sedimentos da Formação Habo, kachchh, Índia ocidental: pistas para proveniência. Asian

Journal of Science and Technology Vol. 4, Issue 07, pp.010-022.

Roser, B.P., Korsch, R.J., (1986): Determinação da configuração tectônica de arenitos, suítes de lama usando o conteúdo de SiO2 e a razão K2O/Na2O. J. Geol. 94, 635-650.

Rollinson H., (1992): Using Geochemical Data: Evaluation, Presentation, Interpretation, Longman, 352pp.

Shahid, G. e Nigel, P.M. (2010): Facies Fluviais e Proveniência do Início do Permiano Warchha

Cordilheira de sal de arenito, Paquistão. The 1ˢᵗ International Applied Geological Congress, Department of Geology, Islamic Azad University - Mashad Branch, Iran, 26-28.

Shiloh, O., Daniel, K. Asiedu, Bruce, B., Christian, K., Samuel, B. (2006): Proveniência e configuração tectónica dos arenitos Buem do Proterozoico tardio do sudeste do Gana: Evidências de geoquímica e modos detríticos. Journal of African Earth Sciences 44, 85-96.

Simon, J. B. e Kenneth, P. (2001): Gradistat: Um pacote estatístico e de distribuição granulométrica para a análise de sedimentos não consolidados. Earth surface processes and landforms earth surf. process. landforms 26, 1237-1248.

Udensi, E.E., Osazuwa, I.B. (2004): Determinação espetral de profundidades de rochas magnéticas sob a Bacia de Nupe, Nigéria. NAPE Bull 17:22-27.

Whiteman A., (1982): Nigeria: its petroleum geology, resources and potential. Graham and Trotman, Londres, 381 pp.

Xiugen, F., Jian, W., Yuhong, Z., Fuwen, T., Wenbin, C., Xinglei, F. (2010): Geoquímica de elementos de terras raras em xisto betuminoso marinho - um estudo de caso da área de bilong co, norte do Tibete, China. Xisto betuminoso, Vol. 27, No. 3, pp. 194-208.

Apêndice

Tabela 1: Dados da distribuição granulométrica obtidos para a amostra KUT 2A

Tamanho do peneiro (mm)	unidade phi (0)	Peso retido (g)	Percentagem Peso retido	Peso acumulado retido (g)	Percentagem Peso acumulado retido
2.81	-1.49	4.9	4.9	4.9	4.9
2.38	-1.25	6.0	6.0	10.9	10.91
2.0	-1.0	1.5	1.5	12.4	12.41
1.68	-0.75	4.8	4.8	17.2	17.22
1.4	-0.49	11.3	11.4	28.6	28.63
1.0	0	13.8	13.9	42.5	42.54
0.853	0.23	10.1	10.2	52.7	52.75
0.710	0.49	1.8	1.8	54.5	54.55
0.599	0.74	6.7	6.8	61.3	61.36
0.500	1.00	21.1	21.3	82.6	82.68
0.422	1.24	2.6	2.6	85.2	85.28
0.354	1.50	3.4	3.4	88.6	88.68
0.251	1.99	2.6	2.6	91.2	91.29
<0.251	>1.99	8.6	8.6	99.4	100

Total = 99,4 g

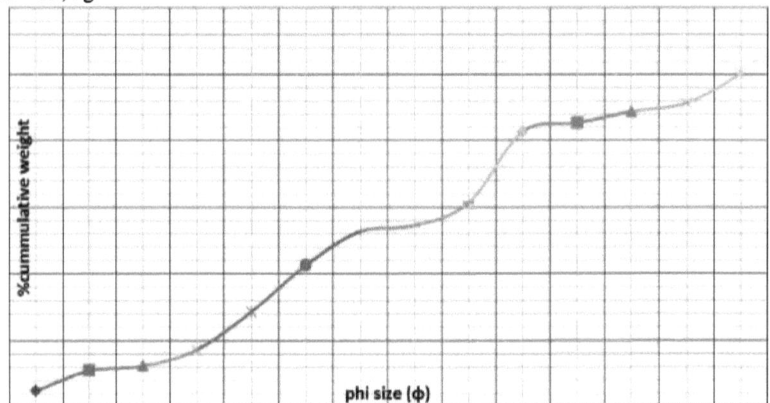

Fig. 1: Curva de frequência acumulada para a amostra KUT 2A

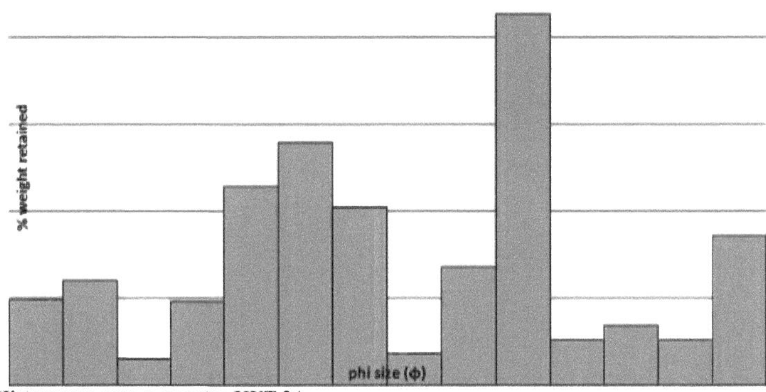

Fig. 2: Histograma para a amostra KUT 2A

Tamanho do crivo (mm)	unidade phi (0)	Peso retido (g)	Percentagem Peso retido	Peso acumulado retido (g)	Percentagem Peso acumulado retido
2.81	-1.49	0.9	0.9	0.9	0.90
2.38	-1.25	3.5	3.6	4.5	4.50
2.0	-1.0	0.6	0.6	5.1	5.11
1.68	-0.75	3.6	3.7	8.8	8.81
1.4	-0.49	4.10	4.2	13.0	13.01
1.0	0	14.70	15.0	28.0	28.03
0.853	0.23	6.90	7.0	35.0	35.04
0.710	0.49	0.9	0.9	35.9	35.94
0.599	0.74	5.4	5.5	41.4	41.44
0.500	1.00	23.0	23.4	64.8	64.86
0.422	1.24	12.0	12.2	77.0	77.08
0.354	1.50	5.7	5.8	82.8	82.88
0.251	1.99	4.5	4.6	87.4	87.49
<0.251	>1.99	12.3	12.5	99.2	100

Total = 99,2 g

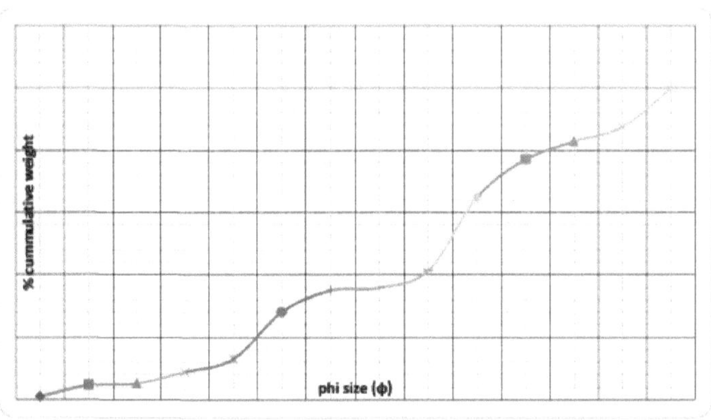

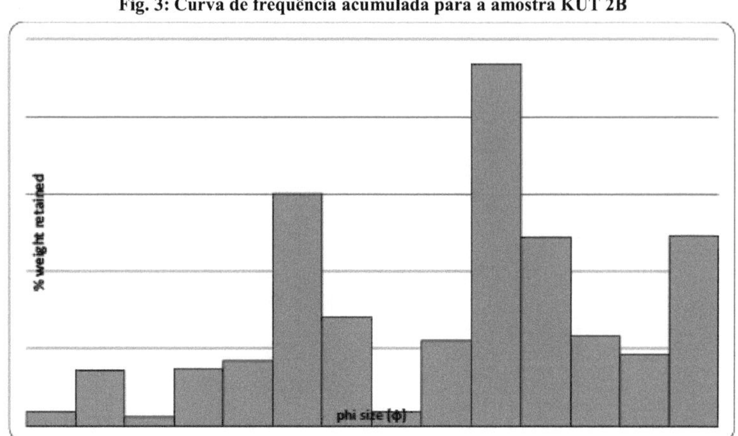

Fig. 4: Histograma para a amostra KUT 2B

Tamanho do crivo (mm)	unidade phi (0)	Peso retido (g)	Percentagem Peso retido	Peso acumulado retido (g)	Percentagem Peso acumulado retido
2.81	-1.49	1.4	1.4	1.4	1.40
2.38	-1.25	5.0	5.0	6.4	6.41
2.0	-1.0	0.6	0.6	7.0	7.01
1.68	-0.75	2.8	2.9	9.8	9.82
1.4	-0.49	4.2	4.2	14.0	14.03
1.0	0.00	11.9	12.0	26.0	26.03
0.853	0.23	10.0	10.0	36.0	36.07
0.710	0.49	1.4	1.4	37.4	37.47
0.599	0.74	3.2	3.2	40.6	40.68
0.500	1.00	20.3	20.4	61.0	61.12
0.422	1.24	10.9	11.0	72.0	72.14
0.354	1.50	7.1	7.2	79.2	79.36
0.251	1.99	6.8	6.8	86.0	86.17
<0.251	>1.99	13.7	13.8	98.9	100

Total = 98,9 g

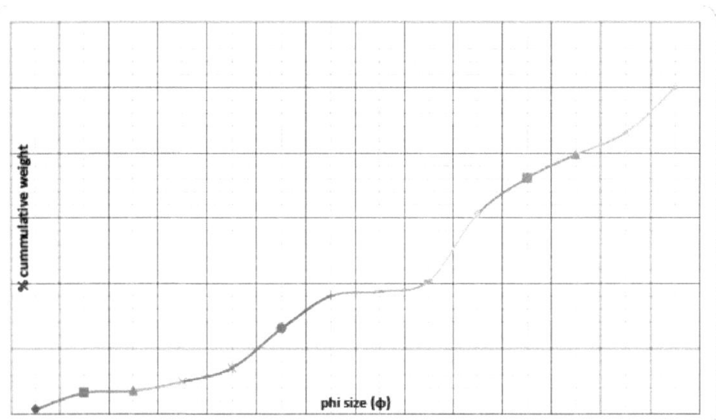

Fig. 5: Curva de frequência acumulada para a amostra KUT 2C

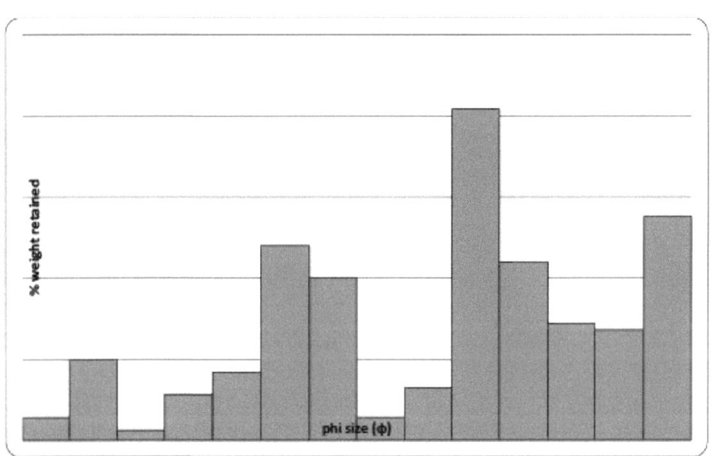

Fig 6: Histograma para a amostra KUT 2C

Tamanho do crivo (mm)	unidade phi (0)	Peso retido (g)	Percentagem Peso retido	Peso acumulado retido (g)	Percentagem Peso acumulado retido
2.81	-1.49	0.0	0.0	0.0	0.0
2.38	-1.25	1.1	1.1	1.1	1.10
2.0	-1.0	0.3	0.3	1.4	1.40
1.68	-0.75	1.1	1.1	2.5	2.51
1.4	-0.49	2.0	2.0	4.5	4.51
1.0	0	12.7	12.7	17.2	17.23
0.853	0.23	12.2	12.2	29.4	29.46
0.710	0.49	1.1	1.1	30.5	30.56
0.599	0.74	7.3	7.3	37.8	37.86
0.500	1.00	34.4	34.5	72.3	72.4
0.422	1.24	7.9	7.9	80.2	80.36

0.354	1.50	3.9	3.9	84.1	84.27
0.251	1.99	6.2	6.2	90.3	90.48
<0.251	>1.99	9.5	9.5	98.6	100

Total = 98,6 g

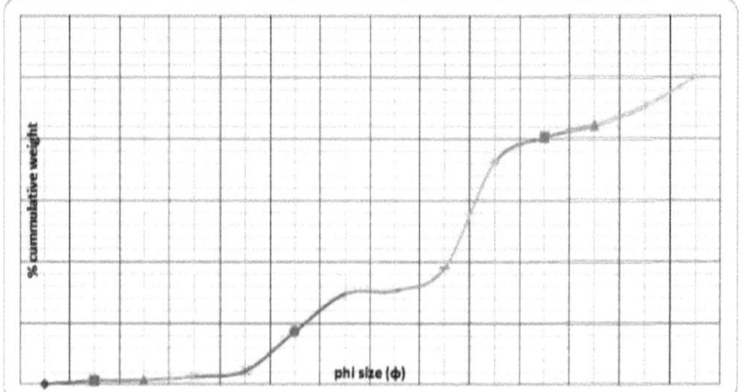

Fig. 7: Curva de frequência acumulada para a amostra KUT 2E

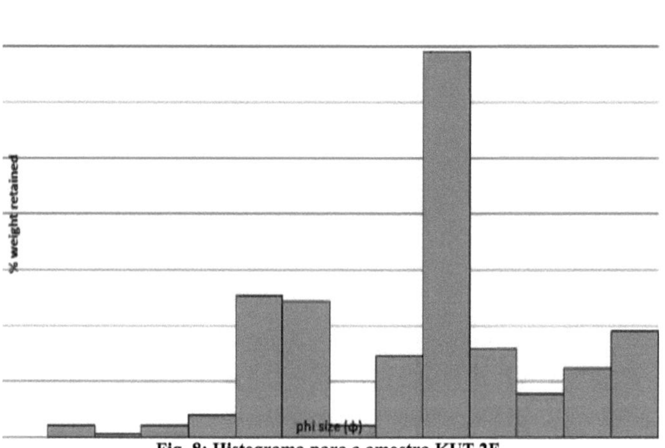

Fig. 8: Histograma para a amostra KUT 2E

Tamanho do crivo (mm)	unidade phi (0)	Peso retido (g)	Percentagem Peso retido	Peso acumulado retido (g)	Percentagem Peso acumulado retido
2.81	-1.49	0.5	0.5	0.5	0.50
2.38	-1.25	1.1	1.1	1.6	1.61
2.0	-1.0	0.3	0.3	1.9	1.91
1.68	-0.75	1.4	1.4	3.3	3.31
1.4	-0.49	3.2	3.2	6.5	6.53
1.0	0	14.0	14.0	20.5	20.58
0.853	0.23	11.9	12.0	32.5	32.63
0.710	0.49	1.1	1.1	33.6	33.73

0.599	0.74	4.7	4.7	38.3	38.45
0.500	1.00	24.8	25.0	63.3	63.55
0.422	1.24	12.3	12.4	75.7	76.00
0.354	1.50	5.5	5.6	81.3	81.63
0.251	1.99	4.7	4.7	86.0	86.35
<0.251	>1.99	13.5	13.6	99.6	100

Total = 99,6 g

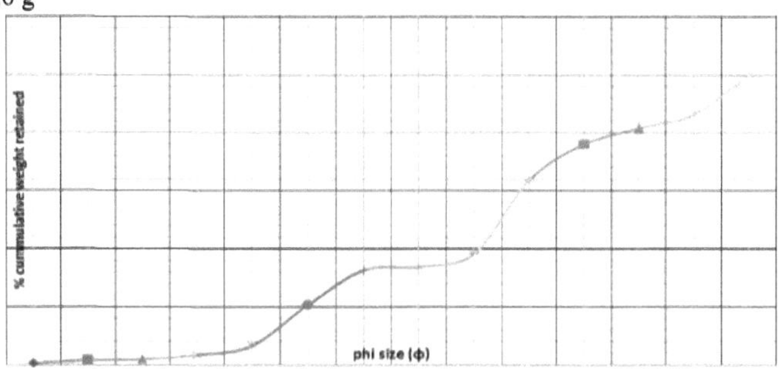

Fig. 9: Curva de frequência acumulada para a amostra KUT 2H

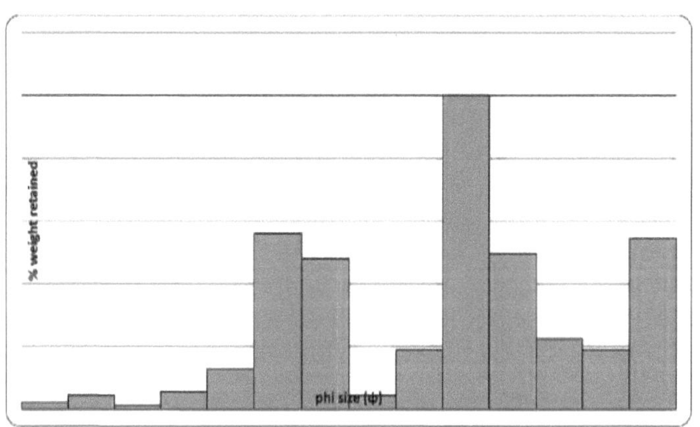

Fig 10: Histograma para a amostra KUT 2H

Tamanho do crivo (mm)	unidade phi (0)	Peso retido (g)	Percentagem Peso retido	Peso acumulado retido (g)	Percentagem Peso acumulado retido
2.81	-1.49	0.4	0.4	0.4	0.4
2.38	-1.25	1.9	1.9	2.3	2.3
2.0	-1.0	0.3	0.3	2.6	2.61
1.68	-0.75	1.7	1.7	4.3	4.31
1.4	-0.49	3.2	3.2	7.5	7.52
1.0	0	6.8	6.8	14.3	14.33
0.853	0.23	9.5	9.5	23.8	23.85
0.710	0.49	0.7	0.7	24.5	24.55
0.599	0.74	4.3	4.3	28.8	28.86
0.500	1.00	23.5	23.5	52.3	52.40
0.422	1.24	15.8	15.8	68.1	68.24

0.354	1.50	8.2	8.2	76.3	76.45
0.251	1.99	7.0	7.0	83.3	83.47
<0.251	>1.99	16.5	16.5	98.1	100

Total = 98,1 g

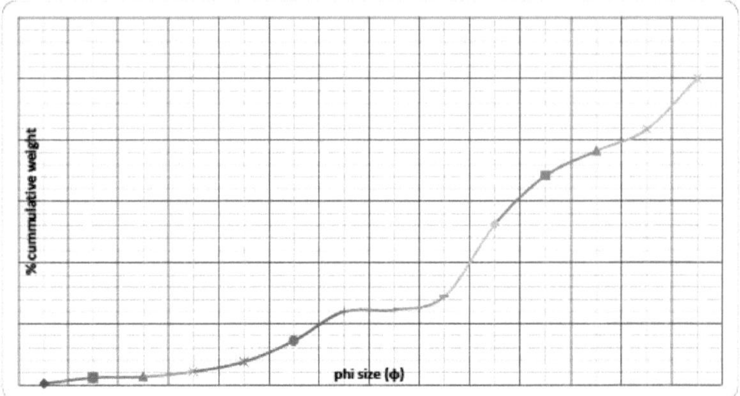

Fig. 11: Curva de frequência acumulada para a amostra KUT 2J

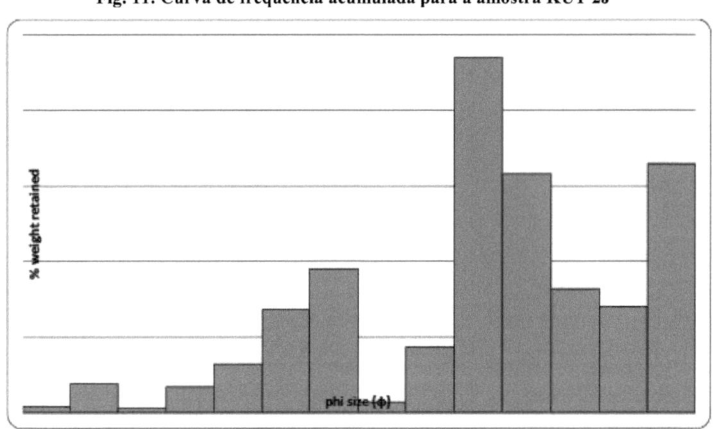

Fig. 12: Histograma para a amostra KUT 2J

Tamanho do peneiro (mm)	unidade phi (0)	Peso retido (g)	Percentagem Peso retido	Peso acumulado retido (g)	Percentagem Peso acumulado retido
2.81	-1.49	0.0	0.0	0.0	0.00
2.38	-1.25	0.0	0.0	0.0	0.00
2.0	-1.0	0.1	0.1	0.1	0.10
1.68	-0.75	0.9	0.9	1.0	1.00
1.4	-0.49	7.5	7.5	8.5	8.51
1.0	0	4.4	4.4	12.9	12.91
0.853	0.23	4.7	4.7	17.6	17.62
0.710	0.49	0.3	0.3	17.9	17.92
0.599	0.74	3.6	3.6	21.5	21.52
0.500	1.00	12.0	12.0	33.5	33/53

0.422	1.24	11.1	11.2	44.7	44.74
0.354	1.50	7.9	7.9	52.6	52.65
0.251	1.99	11.6	11.7	64.3	64.36
<0.251	>1.99	35.4	35.6	99.3	100

Total = 99,3 g

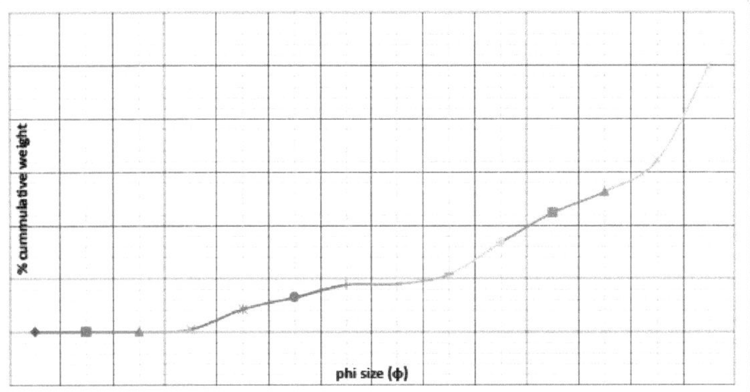

Fig. 13: Curva de frequência acumulada para a amostra KUT 2K

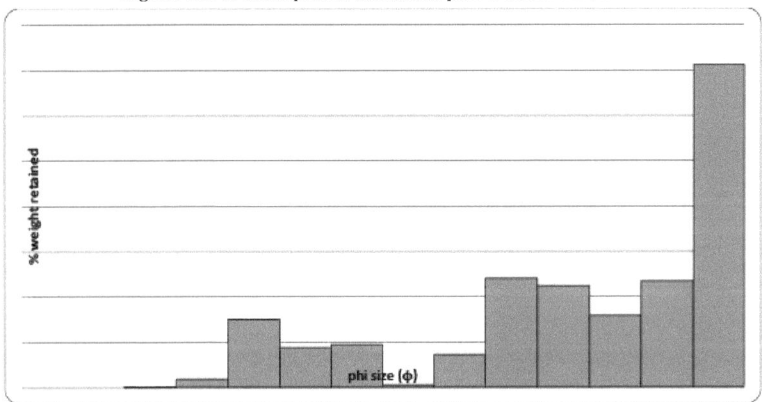

Fig. 14: Histograma para a amostra KUT2K

Printed by Books on Demand GmbH, Norderstedt / Germany